Christian Schlieder

Autodesk® AutoCAD® 2020
Grundlagen in Theorie und Praxis

Viele praktische Übungen am Beispiel
„Digitale Fabrikplanung"

Christian Schlieder

Autodesk® AutoCAD® 2020

Grundlagen in Theorie und Praxis

Viele praktische Übungen am Planbeispiel
„Digitale Fabrikplanung"

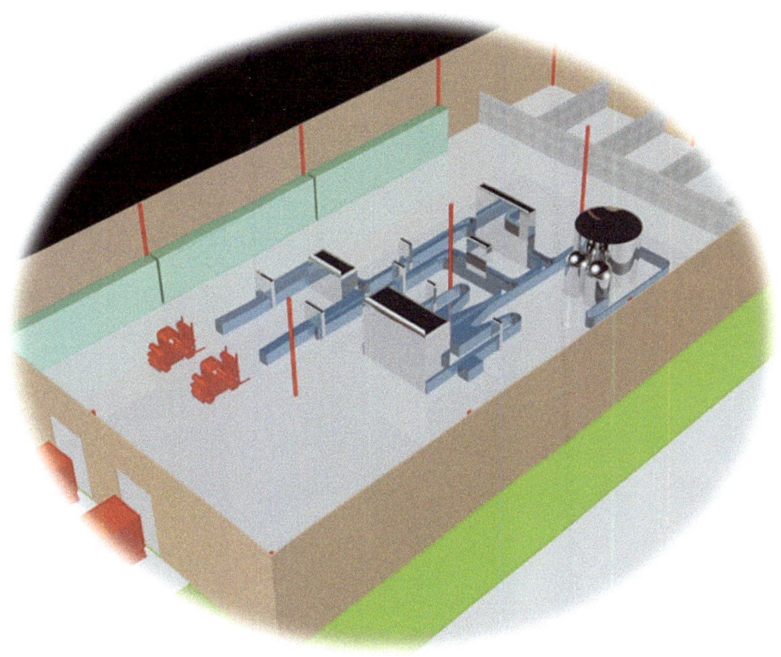

Die Bücher der Autodesk-Reihe:

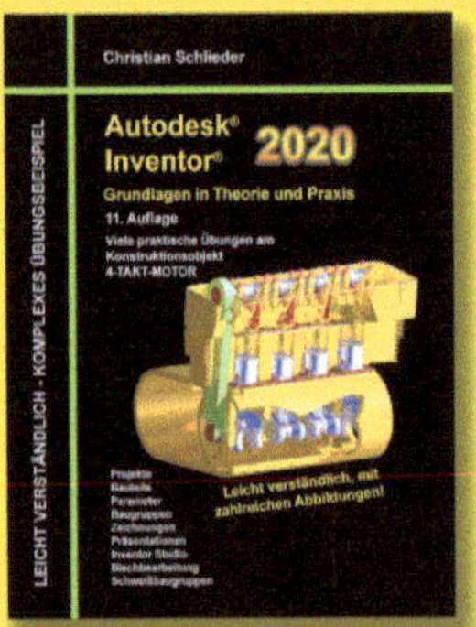

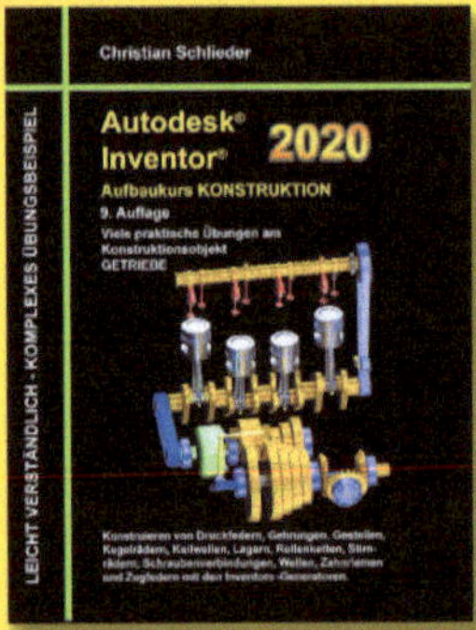

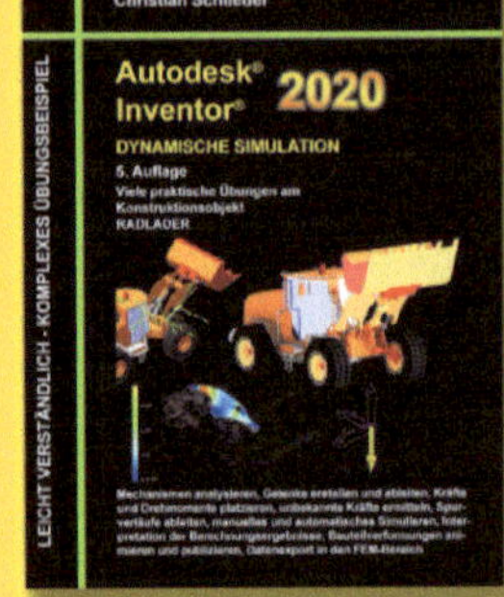

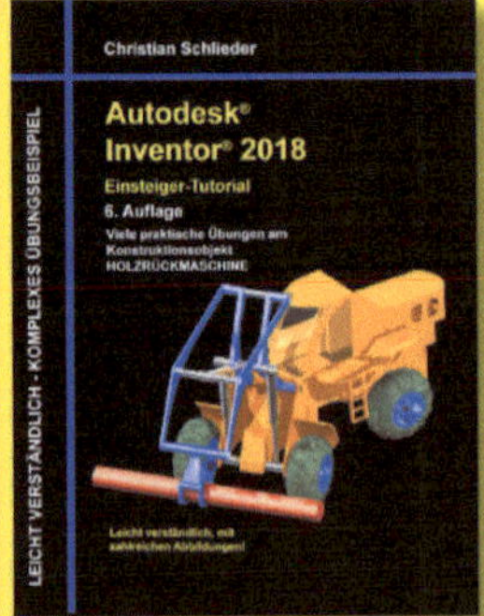

www.cad-trainings.de

Passend zu den Büchern gibt es jetzt auch viele

Videokurse

zum Thema Autodesk.

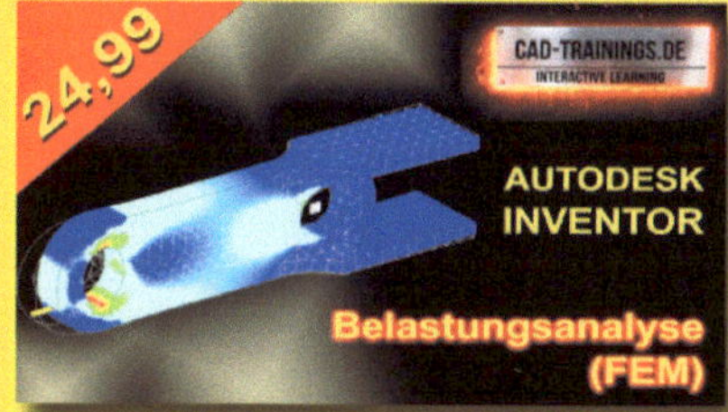

50% Rabatt auf jeden Kurs erhälst Du mit dem Gutschein-Code: **CAD-Trainings_50**

Alle Infos im Internet unter:

www.cad-trainings.de

ISBN

978-3-7448-8183-8

IMPRESSUM

Dipl.- Ing. Christian Schlieder
www.cad-trainings.de
Fax: +49 (0) 3212 - 1122290

HERSTELLUNG UND VERLAG

BoD - Books on Demand, Norderstedt
www.BoD.de

INHALTSVERZEICHNIS

1 Einleitung

1.1 Zielsetzung

Dieses Buch richtet sich an alle interessierten Personen jeglicher fachlicher Bereiche. Es ist logisch aufgebaut und versucht, dem Leser anhand eines komplexen Übungsbeispiels das Programm **Autodesk® AutoCAD® 2020** näherzubringen. In kleinen Abschnitten lernt der Leser verschiedene Vorgehensweisen und Befehle kennen und festigt sie mit praktischen Übungen.

Sobald die benötigten Übungsdateien von der Website heruntergeladen und gespeichert wurden, werden die Randbedingungen des Übungsbeispiels erläutert: Die Programmgrundlagen (Programmoberfläche, Hauptmenü, Menüleiste, Werkzeugkästen, Multifunktionsleisten, Protokoll- und Befehlseingabebereich, Modell- und Layoutbereich) werden dargestellt, und das Projekt wird abschließend in den druckfähigen Papierbereich übertragen.

Die Arbeitsweise findet analog zum Programmaufbau statt. Die Befehle werden den einzelnen Registern und Befehlsgruppen zugeordnet, deren Bedeutung und Eigenschaften erläutert und anschließend praktisch ins Übungsprojekt übertragen. Nach Fertigstellung des 2D-Modells wird das Projekt für den Druck aufbereitet (Layoutbereich).

Im letzten Teil des Buches sollen die Möglichkeiten der Modellierung im plastischen Bereich aufgezeigt werden. Die Zeichnungsdaten aus dem 2D-Bereich werden mit Hilfe verschiedener Befehle aus dem 3D-Bereich in Volumenkörper konvertiert.

1.2 Übungsordner und Übungsdateien
1.2.1 Erzeugen Sie auf Ihrem PC einen Übungsordner

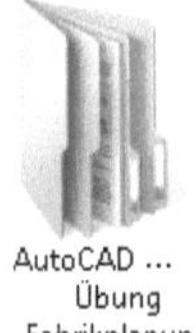

AutoCAD ... –
Übung
Fabrikplanung

Um die Übungen in diesem Buch durchführen zu können, benötigen Sie vorgefertigte Übungsdateien, welche Sie kostenlos von der Website des Autors herunterladen können.

Vorher sollten Sie auf Ihrem PC an geeigneter Stelle einen neuen Ordner mit der Bezeichnung **AutoCAD 2020 – Übung Fabrikplanung** erstellen. Dieser Ordner wird als Projektordner dienen.

1.2.2 Download der zum Buch gehörenden Übungsdateien

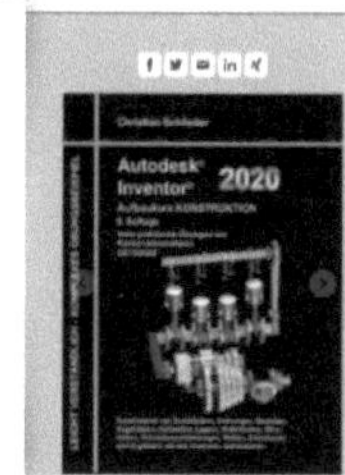

Um die Übungen aus diesem Buch durchführen zu können, benötigen Sie **Übungsdateien**, die Sie von der folgenden Website kostenlos herunterladen können.

http://www.cad-trainings.online

Klicken Sie im Register **Literatur und Übungsdateien** im Bereich **Programmversion 2020** neben dem **AutoCAD-Buch** auf den Button **Download**, um die Übungsdateien herunterzuladen.

Speichern Sie die Datei im Projektordner **AutoCAD 2020 – Übung Fabrikplanung** und entpacken Sie sie darin. Es handelt sich um eine ZIP-Datei, die mit dem kostenlosen Programm **WINZIP** entpackt werden kann. Den Link zu diesem Programm finden Sie ebenfalls auf der Website des Autors (Register **Download**, oben).

Der neu entpackte Ordner enthält verschiedene Dateien, die in den folgenden Übungen verwendet werden sollen.

1.2.3 Verwendete Abkürzungen

In diesem Buch werden die folgenden Abkürzungen verwendet:

- **BG**   Befehlsgruppe
- **BM**   Betriebsmittel
- **ENTF**   Entfernen-Taste
- **ESC**   Escape-Taste
- **ggf.**   gegebenenfalls
- **TAB**   Tabulator-Taste

- **TM**   Transportmittel
- **UZS**   Uhrzeigersinn
- **WA**   Warenausgang
- **WE**   Wareneingang
- **z. B.**   zum Beispiel

2 Randbedingungen definieren

2.1 Randbedingungen des Planungsbeispiels

Grundlegend sind bei der Planung einer Produktionsanlage die folgenden Randbedingungen zu beachten:

- Produktbeschaffenheit
- Benötigte Betriebsmittel
- Benötigte Transportmittel
- Lagerbereiche
- Sozialtrakt für die Mitarbeiter
- Hallenaufbau
- Außenbereich (Grundstück)

- Qualitätssicherungsmaßnahmen
- Material- und Personalfluss
- Energie- und Informationsfluss
- Kosten- und Personalanalyse
- Anforderungen an den Standort
- Gesetzliche Bestimmungen

Die Fabrikplanung im vorliegenden Übungsbeispiel bezieht sich dabei auf die zeichnerische Umsetzung der Fabrikanlage mit *Autodesk® AutoCAD® 2020*. Eine Betrachtung der Qualitätssicherung, der Material-, Personal-, Energie- und Informationsflüsse sowie der Kosten- und Personalanalyse ist dabei nicht notwendig.

Ausschließlich die folgenden Bereiche sind also von Bedeutung:

- Produktbeschaffenheit
- Benötigte Betriebsmittel
- Benötigte Transportmittel
- Lagerbereiche

- Sozialtrakt für die Mitarbeiter
- Hallenaufbau
- Außenbereich (Grundstück)

2.2 Produktbetrachtung

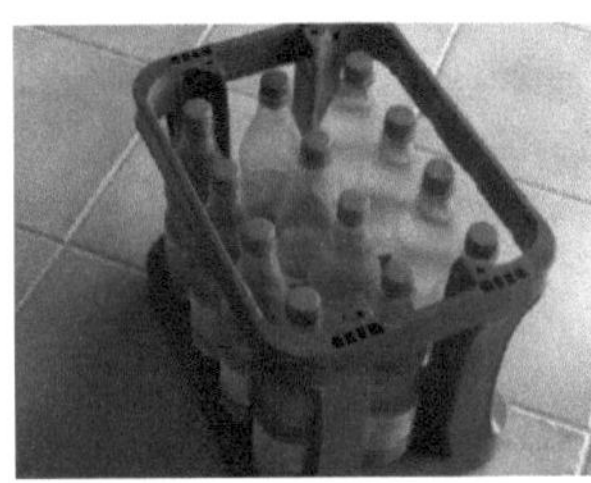

Als Produkt wird im aktuellen Planungsbeispiel reines Quellwasser gewählt, was aus einer Quelle direkt zum Fabrikgelände gepumpt wird, um dort in Glasflaschen abgefüllt zu werden. Die Flaschen werden in Kunststoffkästen gesetzt und anschließend auf Europaletten gestapelt. Flaschen und Kästen sind zusätzlich zu reinigen.

2.2.1 Quellwasser

Abmessungen:
- Keine

Anlieferung:
- Wasser wird zum Fabrikgelände gepumpt

Bearbeitung:
- Quellwasser in Wasserspeicher zwischenlagern

2.2.2 Glasflaschen

Abmessungen:
- Durchmesser x Höhe: 100 x 300 mm

Anlieferung:
- Flaschen befinden sich in Kunststoffkästen
- Schraubverschlüsse wurden bereits entfernt
- Flaschen verschmutzt (innen und außen)

Bearbeitung:
- Flaschen aus Kästen heben
- Flaschen auf gefährliche Verunreinigungen (Gifte), enthaltene Feststoffe und Beschädigungen prüfen, ggf. aussortieren
- Flaschen reinigen (Laugenbad mit anschließender Wasserspülung)
- Flaschen erneut prüfen
- Flaschen füllen, verschließen und etikettieren
- Flaschen zwischenspeichern

2.2.3 Kunststoffkästen

Abmessungen:
- Länge x Breite x Höhe: 400 x 300 x 320 mm

Anlieferung:
- Kästen verschmutzt
- Kästen befinden sich auf Europalette

Bearbeitung:
- Kästen von Paletten heben
- Flaschen aus Kästen heben
- Kästen reinigen
- Kästen zwischenspeichern

2.2.4 Paletten

Abmessungen:
- Länge x Breite x Höhe: 1200 x 800 x 144 mm

Anlieferung:
- Paletten mit Leergut werden auf LKW angeliefert

Bearbeitung:
- Kästen und Flaschen von Palette heben
- Paletten zwischenspeichern

2.3 Einteilung der Bereiche

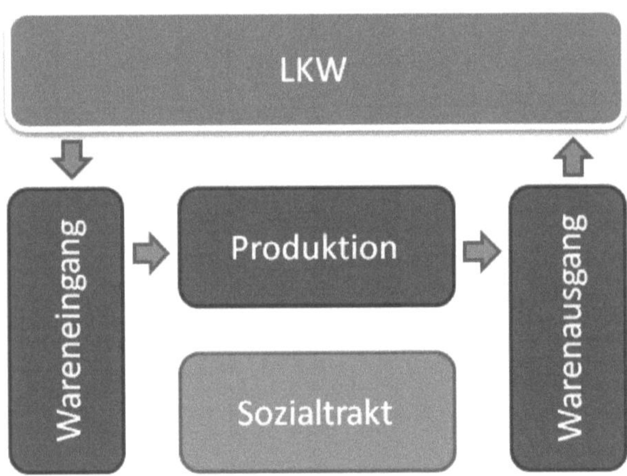

Grundlegend verläuft der Materialfluss vom LKW über den Wareneingang im Lager, die Produktion, den Warenausgang im Lager und wieder zurück zum LKW.

Maßgeblich für die Planung der notwendigen Größe der Fabrikhalle ist die Produktionslinie. Sie bestimmt neben der benötigten Hallengröße auch die Anordnung der einzelnen Bereiche innerhalb der Halle.

2.4 Betriebsmittel
2.4.1 Maschinen und Anlagen der Produktionslinie

Der Produktionsbereich wird Form und Aufbau der Fabrikhalle und des Außengeländes bestimmen. Aufbau, Größe und Form der Produktionslinie werden durch die erforderlichen Betriebsmittel beeinflusst. Die Produktionsanlage an sich beinhaltet verschiedene Betriebsmittel, wie die Anlagen, die Maschinen und sonstige Geräte.

Weil sich dieses Übungsbuch allein auf die zeichnerische Umsetzung der Fabrikplanung konzentriert, sollten die folgenden Betriebsmittel betrachtet werden:

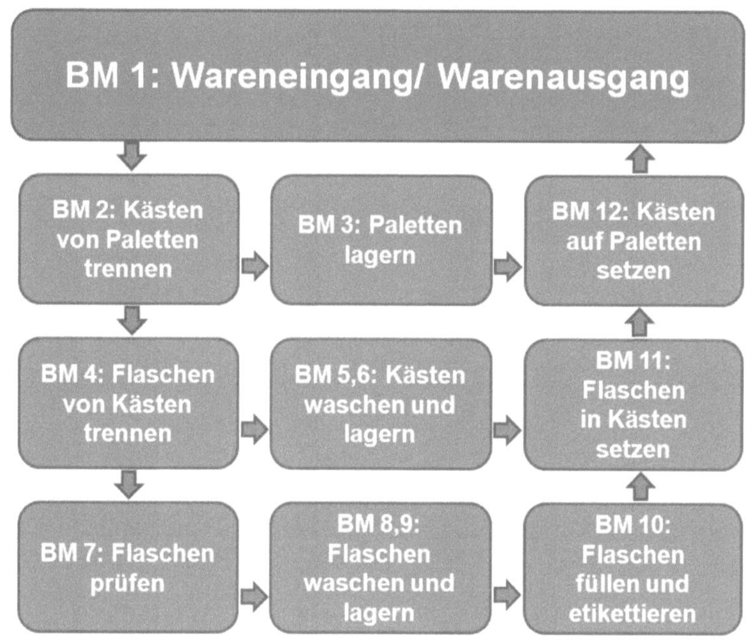

- **BM 1**: Transport der Paletten (LKW ↔ Lager ↔ Produktionslinie)
- **BM 2**: Kästen (gefüllt) von Paletten trennen
- **BM 3**: Paletten zwischenlagern
- **BM 4**: Flaschen von Kästen trennen
- **BM 5**: Kästen reinigen
- **BM 6**: Kästen zwischenlagern

- **BM 7**: Flaschen prüfen
- **BM 8**: Flaschen zwischenlagern
- **BM 9**: Flaschen reinigen
- **BM 10**: Flaschen füllen, schließen und etikettieren
- **BM 11**: Flaschen in Kästen setzen
- **BM 12**: Kästen (gefüllt) auf Paletten heben

BM 1: Transport der Paletten (LKW ↔ Lager ↔ Produktionslinie)

Be- und Entladen des LKWs erfolgt durch einen handelsüblichen Gabelstapler. Der LKW wird entladen und das Leergut ins Lager bzw. direkt zur Produktionslinie gebracht, wobei die Paletten vom Stapler direkt auf die Transportbänder gesetzt werden können. Im Lagerbereich stehen außerdem Regalsysteme zur Aufnahme von Paletten und Leergut zur Verfügung.

BM 2: Kästen und Flaschen von Paletten trennen

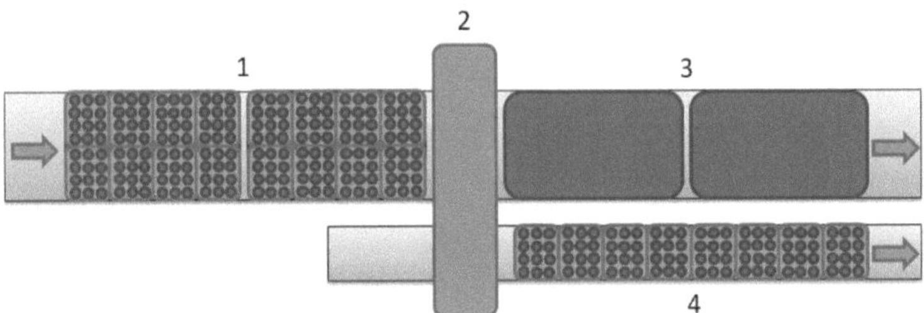

1. Paletten mit Leergut (auf Rollenband)
2. Roboter hebt Kästen (gefüllt) von Palette
3. Leere Paletten (auf Rollenband)
4. Kästen (gefüllt)

Die Paletten samt Leergut werden auf einem Rollenband (1) zum **BM 2** transportiert. Dort hebt ein Roboter (2) die Kästen einzeln von der Palette und setzt sie auf das Kastentransportband (4).

BM 3: Paletten zwischenlagern

Die leeren Paletten fahren auf dem Rollenband weiter in einen Palettenspeicher (**BM 3**). Er stapelt die Paletten übereinander und gibt sie bei Bedarf wieder ins System zurück.

BM 4: Flaschen von Kästen trennen

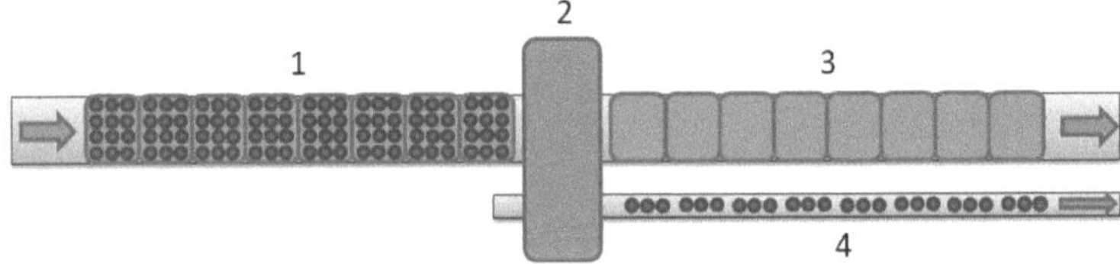

1. Kästen (gefüllt)
2. Roboter hebt Flaschen aus Kästen
3. Kästen (leer)
4. Flaschen

Die noch gefüllten Kästen werden auf Transportbändern (1) zum **BM 4** transportiert, wo ein Roboter (2) die Flaschen aus dem Kasten hebt (drei Flaschen je Hub) und sie auf das Flaschentransportband (4) setzt. Die leeren Kästen fahren auf dem Kastentransportband weiter in Richtung Kastenwaschmaschine (3).

BM 5: Kästen reinigen

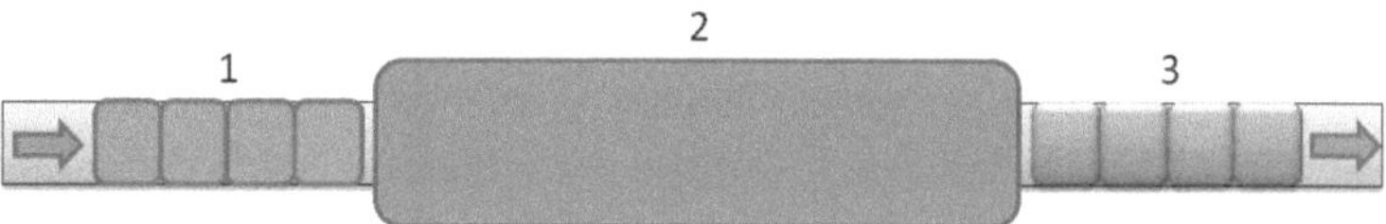

1. Kästen (ungereinigt)
2. Kastenwaschmaschine

3. Kästen (gereinigt)

Die Kästen werden auf dem Kastentransportband angeliefert und fahren durch eine Kastenwaschmaschine (**BM 5**). Darin werden sie gereinigt.

BM 6: Kästen zwischenlagern

Die leeren, jetzt aber bereits gereinigten Kästen fahren weiter auf dem Kastentransportband in einen Kastenspeicher (**BM 6**). Er stapelt die Kästen aufeinander und gibt sie bei Bedarf wieder ins System zurück.

BM 7: Flaschen prüfen

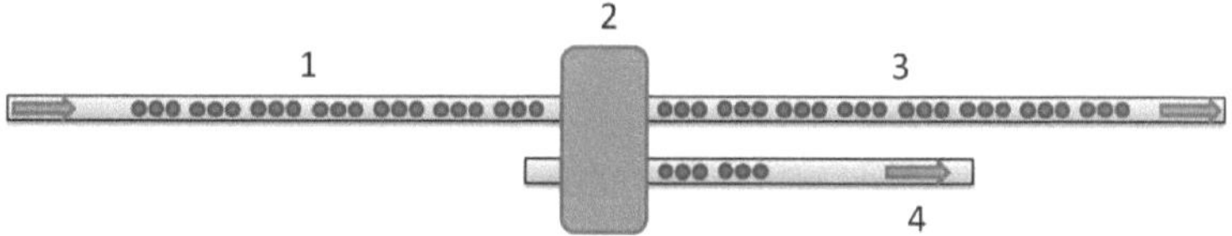

1. Flaschen vor Prüfung
2. Flaschenprüfmaschine

3. Flaschen nach Prüfung
4. Aussortierte Flaschen

Die Flaschen werden auf Transportbändern (1) zum **BM 7** transportiert. Hier werden Sie mit einer Flaschenprüfmaschine (2) auf Beschädigungen, gefährliche Inhaltsstoffe und eventuell darin sitzende Festkörper untersucht. Solche Flaschen werden aussortiert (4), alle anderen fahren aber weiter (3). Das Prüfen der Flaschen erfolgt jeweils vor und nach der Flaschenreinigung, wofür zwei identische Maschinen vorgesehen sind.

BM 8: Flaschen zwischenlagern

Die Flaschen werden auf Transportbändern zu einem Speichertisch (**BM 8**) transportiert. Er verbreitert den Transportweg, ordnet die Flaschen nebeneinander an und kann somit eine große Anzahl an Flaschen speichern. Defekte Flaschen, die vorher aussortiert wurden, können hier durch neue ersetzt werden. Das gesamte System verfügt über insgesamt zwei Speichertische, einen vor und einen nach der Flaschenreinigung.

BM 9: Flaschen reinigen

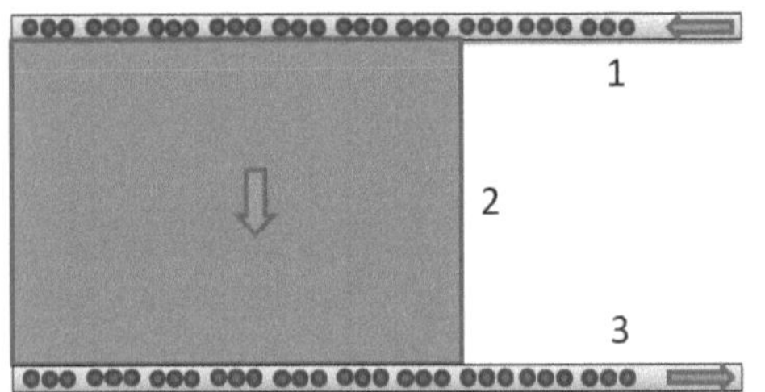

1. Flaschen vor Reinigung
2. Flaschenwaschmaschine
3. Flaschen nach Reinigung

Die Flaschen werden auf Transportbändern angeliefert (1) und in die Flaschenwaschmaschine (**BM 9**) transportiert (2). Dort werden die Flaschen in mehreren aufeinanderfolgenden Lauge- und Wasserbädern gereinigt. Die sauberen Flaschen verlassen die Waschmaschine auf einem Transportband (3).

BM 10: Flaschen füllen, schließen, etikettieren

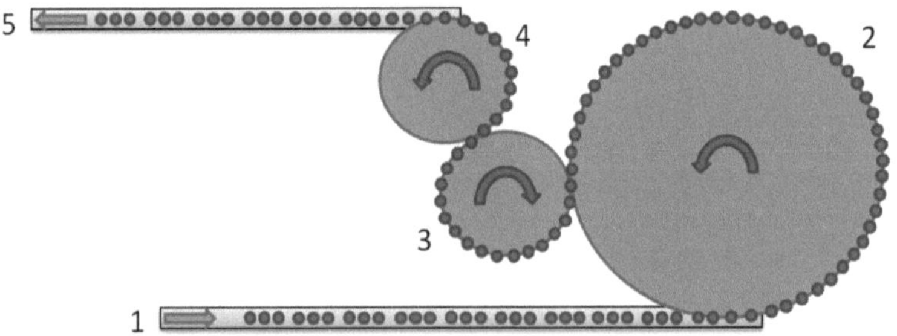

1. Zufuhr der gereinigten Flaschen
2. Flaschen mit Quellwasser füllen (Füller)
3. Flaschen verschließen (Schließer)
4. Flaschen etikettieren (Etikettierer)
5. Abtransport der Flaschen

Die Flaschen werden auf Transportbändern angeliefert (1), von einer Greifvorrichtung erfasst und in den Füller gehoben. Hier werden sie mit Quellwasser gefüllt, anschließend verschlossen und etikettiert. Die gesamte Einheit besteht aus Füller (2), Schließer (3) und Etikettierer (4) und ist ein zusammenhängendes Aggregat (*BM 10*). Die Flaschen werden danach wieder auf Transportbänder gesetzt und abtransportiert (5).

BM 11: Flaschen in Kästen setzen

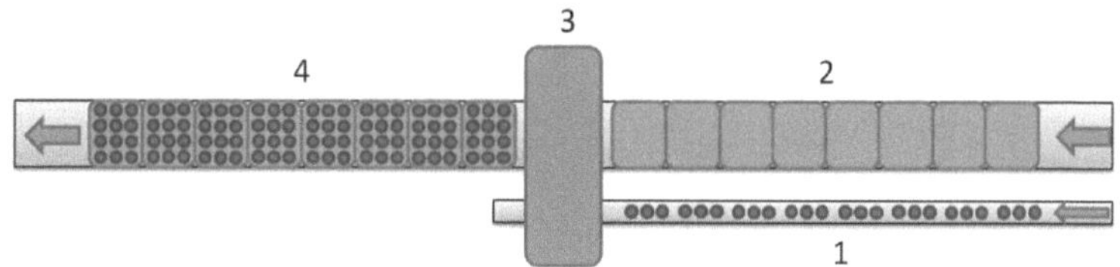

1. Flaschen (einzeln)
2. Kästen (leer)

3. Roboter hebt Flaschen in Kästen
4. Kästen (gefüllt)

Flaschen (1) und Kästen (2) werden auf den jeweiligen Transportbändern zum *BM 11* transportiert. Hier greift ein Roboter (3) die Flaschen und setzt sie (drei je Hub) in die Kästen.

BM 12: Kästen (gefüllt) auf Paletten heben

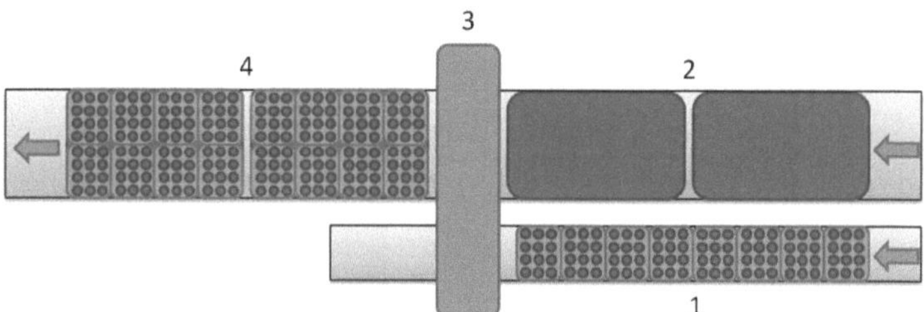

1. Kästen (gefüllt)
2. Paletten (leer)

3. Roboter hebt Kästen auf Paletten
4. Paletten mit Kästen (gefüllt)

Kästen (1) und Paletten (2) werden auf den jeweiligen Transportbändern zum *BM 12* transportiert. Hier greift ein Roboter (3) die Kästen und setzt sie auf eine Palette (ein Kasten je Hub).

2.4.2 Lagerbereiche

Die benötigten Lagerbereiche ergeben sich aus den Anforderungen der Produktionslinie.

Leergut:

Das Leergut (gefüllte Kästen auf Paletten) muss zwischen der Entladung der LKWs und der Beladung der Produktionslinie zwischengelagert werden. Hierfür werden Regalsysteme mit entsprechender Lagerkapazität benötigt.

Ersatzmaterial:

Beschädigte Paletten, Kästen und Flaschen müssen ersetzt werden. Die Lagerung der hierfür benötigten Ersatzmaterialien erfolgt in Regalsystemen im Lagerbereich.

Quellwasser:

Das Quellwasser wird von der Quelle zum Fabrikgelände gepumpt. Dort soll es in zwei großen Tanks zwischengelagert werden, um eine Qualitätsüberwachung und einen reibungslosen Produktionsablauf zu gewährleisten. Beide Tanks werden außerhalb der Produktionshalle, aber auf dem Gelände angeordnet.

Pufferspeicher für Paletten, Kästen und Flaschen:

Eine Produktionslinie benötigt aufgrund der unterschiedlichen Arbeitsgeschwindigkeiten der enthaltenen Betriebsmittel verschiedene Zwischenspeicher (Puffer). Sie sollen Störungen in der Produktion ausgleichen und einen konstanten Produktionsablauf gewährleisten. Paletten und Kästen werden platzsparend aufeinandergestapelt, Flaschen auf Speichertischen nebeneinander angeordnet.

2.4.3 Sozialtrakt

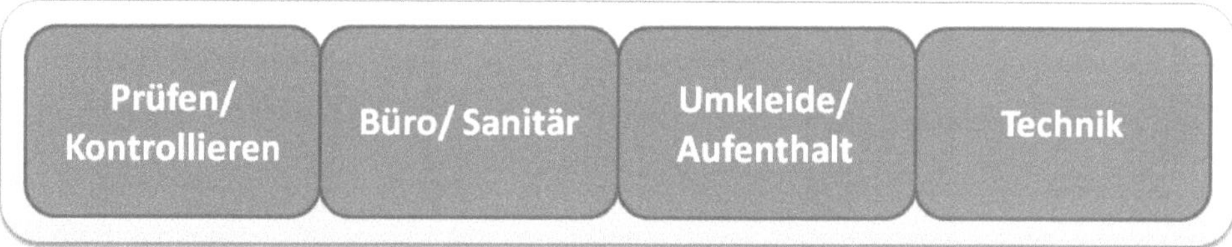

Der Sozialtrakt kann in einem Komplex zusammengefasst und innerhalb der Fabrikhalle angeordnet werden. Die folgenden Bereiche werden benötigt:

- Prüf- und Kontrollbereich
- Büro- und Sanitärbereich
- Umkleide- und Aufenthaltsbereich
- Technik

2.4.4 Gesamtbedarf für das Fabrikgelände

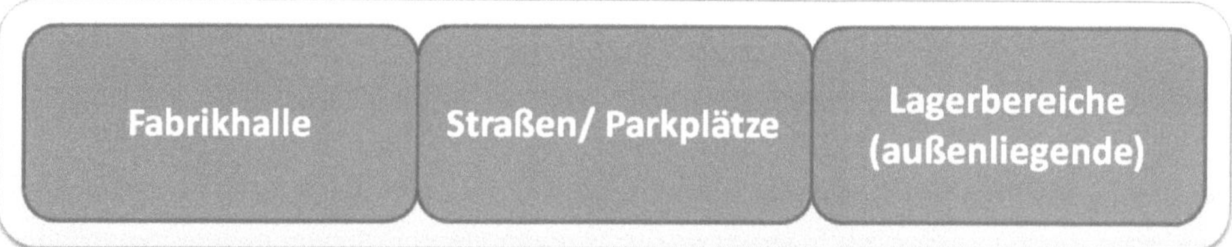

Der gesamte Platzbedarf für das Fabrikgelände wird durch die folgenden Bereiche definiert:

- Fabrikhalle (Produktion, Sozialtrakt)
- Straßen/ Parkplätze (LKW und PKW)
- Lagerbereiche (Regalsysteme, Wassertanks)

Das nächste Kapitel soll einen kurzen Einblick in den Programmaufbau und die Benutzer-oberfläche von **Autodesk® AutoCAD® 2020** bieten[1].

---

[1] Sollten Sie das Programm noch nicht gestartet haben, holen Sie dies jetzt bitte nach.

3 Grundlagen zum Programm Autodesk® AutoCAD® 2020

3.1 Startbildschirm

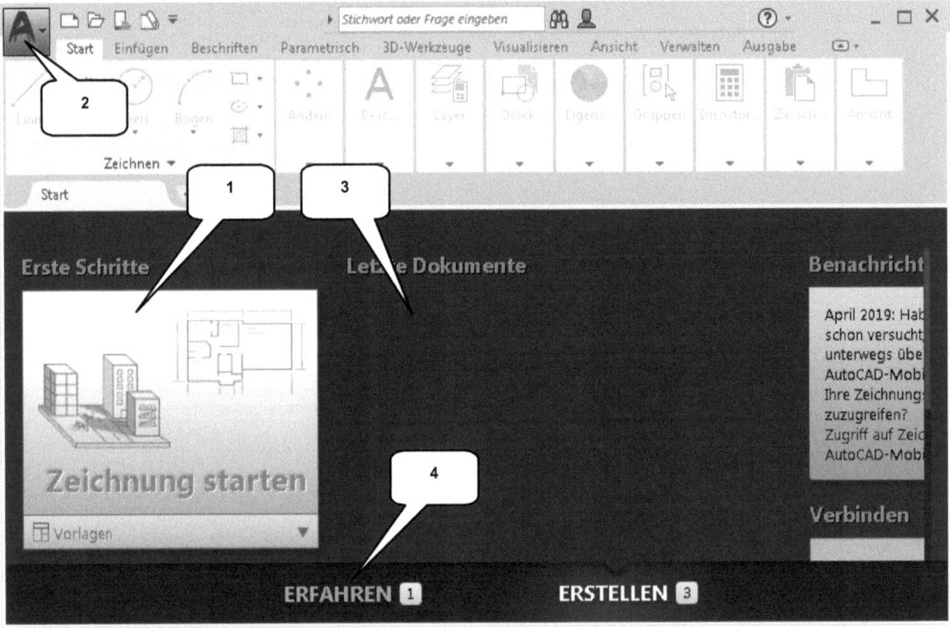

Nachdem das Programm gestartet wurde, erscheint die oben dargestellte Benutzeroberfläche. Hier können im Bereich **Erste Schritte** (1) vorhandene Dateien geöffnet, neue Dateien erstellt oder Beispielzeichnungen geöffnet werden. Diese Optionen finden sich auch im **Hauptmenü** (2) wieder. Weiterhin können die **zuletzt verwendeten Dokumente** (3) geöffnet oder im Register **Erfahren** (4) Lern- und Übungsvideos gestartet werden.

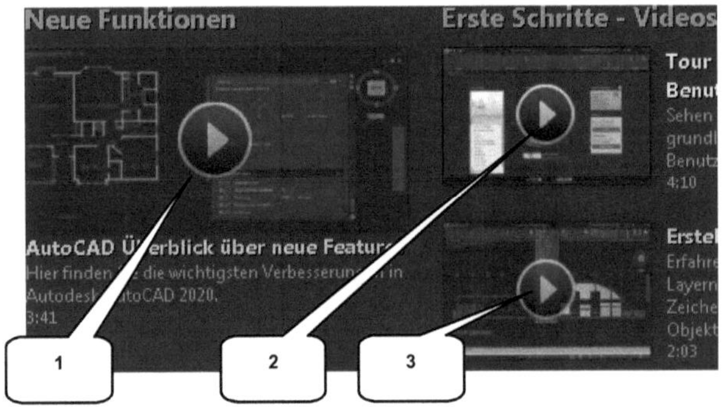

Im Bereich **Erfahren** können Sie sich die Unterschiede der aktuellen zur vorherigen **Version** des Programms (1) darstellen lassen, **Lernvideos** starten (2) oder auf diverse **Lerntipps** und **Online-Ressourcen** (3) zugreifen.

3.2 Erstellen einer neuen Datei aus einer vorhandenen Vorlage

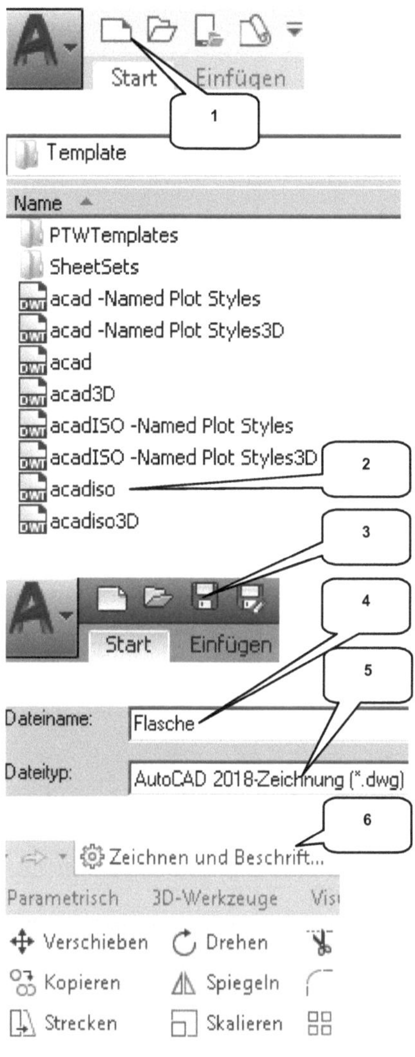

Starten Sie den Befehl ☐ *Neu* (1) und wählen Sie aus den vorhandenen Templates die Vorlage *acadiso.dwt* aus. ☐Öffnen☐ *Öffnen* bestätigt die Auswahl, das neue Dokument wird geöffnet und es stehen weitere Befehle zur Verfügung.

- ☐ *Neu* (1)
- Vorlage: acadiso.dwt (2)
- ☐Öffnen☐ *Öffnen*

Verwenden Sie den Befehl 🖫 *Speichern* (3) um die neue Datei unter der Bezeichnung:

- *Flasche* (4)

und dem Dateityp:

- *AutoCAD 2018 Zeichnung (*.dwg)* (5)

im Projektordner *AutoCAD 2020 – Übung Fabrikplanung* zu speichern.

- 🖫 *Speichern* (3)
- Bezeichnung: [Flasche][2] (4)
- Dateityp: AutoCAD 2018 ... (*.dwg) (5)
- ☐Speichern☐ *Speichern*

Das Programm wechselt im Anschluss daran automatisch in den Arbeitsbereich *Zeichnen und Beschriften* (6).

---

[2] Wenn in diesem Buch rechteckige Klammern verwendet werden, bedeutet das eine Tastatureingabe im Programm. Tragen Sie dann bitte nur den in Klammern stehenden Wert ein (ohne die Klammern selbst).

3.3   Benutzeroberfläche

Die Programmoberfläche kann grundlegend in die folgenden Bereiche unterteilt werden:

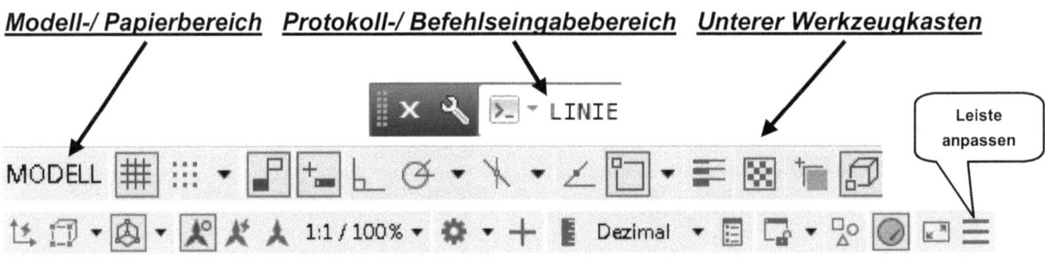

Der **Schnellzugriff-Werkzeugkasten** enthält eine begrenzte Auswahl an häufig verwendeten Befehlen. Sein Inhalt kann über den **Bearbeiten-Button** (1) konfiguriert werden. Um Befehle ein- oder auszublenden, klickt man darauf und aktiviert/ deaktiviert den entsprechenden Haken im sich öffnenden Kontextmenü.

Im rechten Bereich der oberen Befehlsleiste, kann in der Programmhilfe nach **Stichwörtern** oder **Befehlen gesucht** (2) werden, die **Programmhilfe** gestartet (3) werden, oder diverse **Apps** aktiviert werden (4). Die Programmhilfe kann entweder online gestartet werden, oder sie wird vollständig aus dem Internet heruntergeladen und auf dem PC installiert, woraufhin sie dann auch offline genutzt werden kann.

3.3.2 Registerkarten und Befehlsgruppen

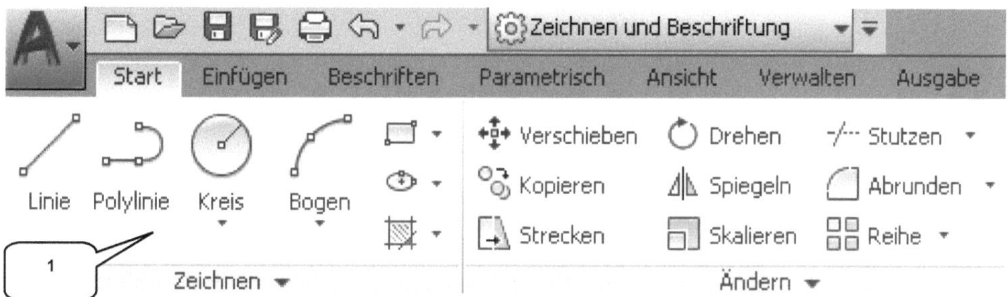

Jede **Registerkarte** (z. B. **Start**, **Einfügen**, **Beschriften**...) beinhaltet verschiedene **Befehlsgruppen** (z. B. **Zeichnen**, **Ändern**, **Beschriftung**...), worin diverse Befehle logisch zusammengefasst wurden.

Registerkarten und Befehlsgruppen können beliebig ein- oder ausgeblendet werden, wenn mit der rechten Maustaste auf einen beliebigen Punkt im Bereich der Befehlsgruppen geklickt (1) und im Kontextmenü die Option **Registerkarten anzeigen** bzw. die Option **Gruppen anzeigen** ausgewählt wird.

Das Programm wird danach alle vorhandenen Registerkarten bzw. Befehlsgruppen auflisten, welche dann aktiviert oder deaktiviert werden können.

3.3.3 Protokoll- und Befehlseingabefenster

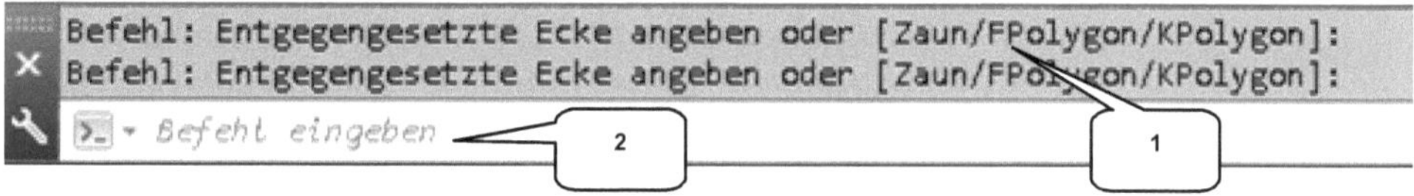

Protokoll- und Befehlseingabefenster befinden sich standardmäßig im unteren Bereich des Programms. Das **Protokoll** (1) zeigt eine Übersicht der zuletzt verwendeten Befehle oder Eingabeoptionen.

Im **Befehlseingabebereich** (2) können entweder die zuletzt verwendeten Befehle aufgerufen werden, es können Befehlsoptionen bestimmt werden (durch eine interaktive Gestaltung des Befehlsbereiches können diese dann auch mit der linken Maustaste angeklickt werden) und beim Zeichnen können alle Werte und Tastaturbefehle mittels Tastatur eingetragen werden.

3.3.4 Modell- und Papierbereich

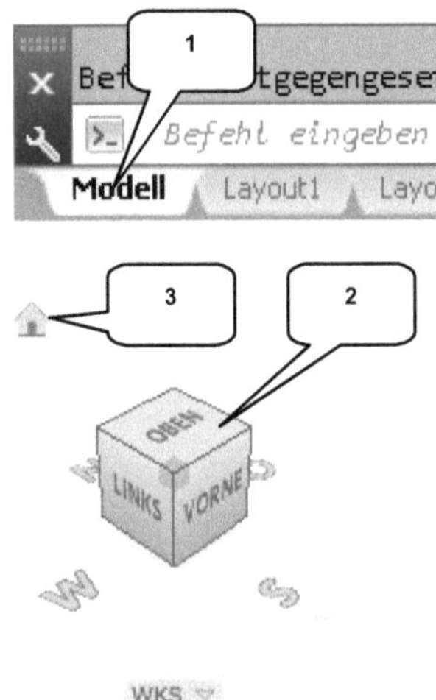

Modellbereich

Der **Modellbereich** (1) ist der eigentliche Konstruktions-bereich. Er beinhaltet die folgenden Navigationswerkzeu-ge:

Der **ViewCube** (2) richtet die Ansicht im Modellbereich aus[3]. Aktiviert man eine der Seiten des Würfels (Oben, Unten, Rechts, Links, Hinten, Vorne) oder dreht man den Würfel bei gedrückter linker Maustaste darauf (alternativ: **Taste: SHIFT** + mittlere Maustaste), so dreht sich der Ansichtsbereich. Mit einem Klick auf das kleine 🏠 **Haus-Symbol** (3) wird eine isometrische Ansicht eingestellt.

Die **Navigationsleiste** (4) beinhaltet eine Auswahl an Navigationswerkzeugen (Navigationsräder, Pan, Zoom-funktionen, Orbit-Versionen, ShowMotion). Ihre Befehle dienen grundsätzlich dazu, den gesamten Modellbereich z. B. verschieben, zoomen oder animieren zu können.

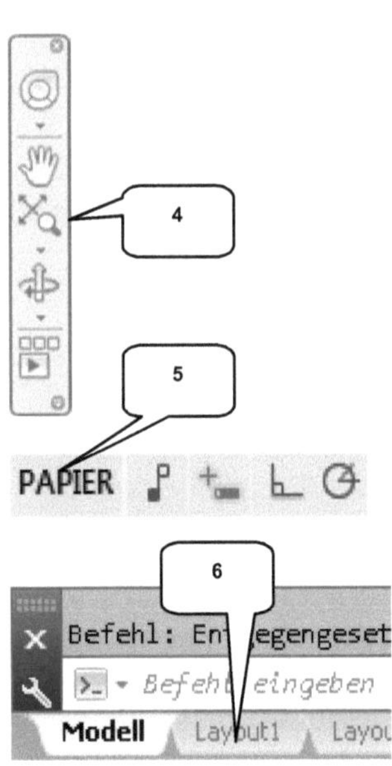

Papierbereich (Layoutbereich)

Im **Papierbereich** (5) werden die Zeichenelemente aus dem Modellbereich für einen Ausdruck vorbereitet und um zusätzliche Informationen wie z. B. Bemaßungen oder Texte ergänzt. Jedes **Layout** (6) stellt dabei eine bereits definierte Blattgröße dar, in welcher die Zeichnung später z. B. ausgedruckt werden kann. Layouts können in belie-biger Anzahl und Ausrichtung erstellt werden.

---

[3] Sollte der **ViewCube** fehlen, so kann er aktiviert werden: Ein- und ausschalten kann man den Würfel in der Register-karte: **Ansicht** , die Befehlsgruppe: **Fenster** und dann über die **Benutzeroberfläche**.

4 Fabrikplanung im 2D-Modellbereich

4.1 Optimieren einiger Programmeinstellungen

Nachdem die neue Zeichnung erstellt wurde, sollten die **Basis-Zeichenoptionen** der aktuellen Datei überprüft werden[4]. Ihre Grundeinstellungen können in der unteren Befehlsleiste vorgenommen werden. Ob die entsprechende Option aktiviert ist, erkennt man daran, dass der Button blau hinterlegt ist. Prüfen Sie die folgenden Einstellungen und aktivieren bzw. deaktivieren Sie die einzelnen Werkzeuge:

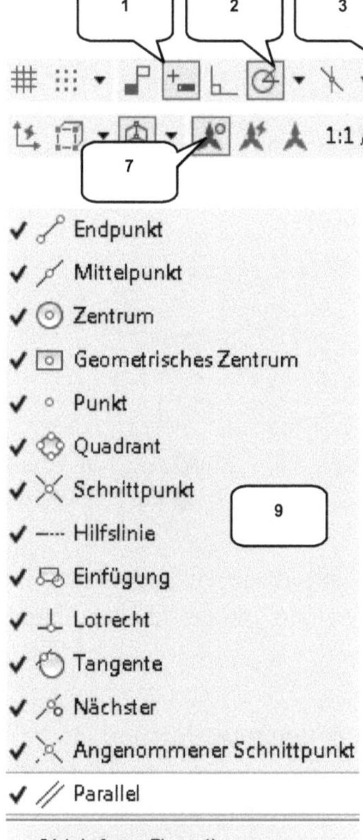

Aktiviert sein sollten:

1) Dynamische Eingabe
2) Polare Spur
3) Fang-Referenzlinien) Objektfangspur
4) 2D-Objektfang
5) Linienstärken anzeigen
6) 3D-Objektfang
7) Beschriftungsobjekte anzeigen
8) Hardwarebeschleunigung aktivieren

Weiterhin sind die Einstellungen für den Objektfang zu kontrollieren. Hierfür ist mit der **rechten Maustaste** auf den **2D-Objektfang** (4) zu klicken, um alle darin enthaltenen **Optionen** (9) zu aktivieren.

---

[4] Sollten einige der o. g. Optionen bei Ihnen nicht zur Verfügung stehen, so muss die **Anpassung** (10) gestartet werden. Es erscheint danach ein Auswahlmenü, worin die fehlende Option aktiviert werden kann.

4.2 Die Flaschen zeichnen
4.2.1 Der neue Layer: Flasche

Vor dem Zeichnen der ersten Linienkontur, sollte ein neuer **Layer**[5] erstellt werden, um die Eigenschaften des Objekts zu definieren.

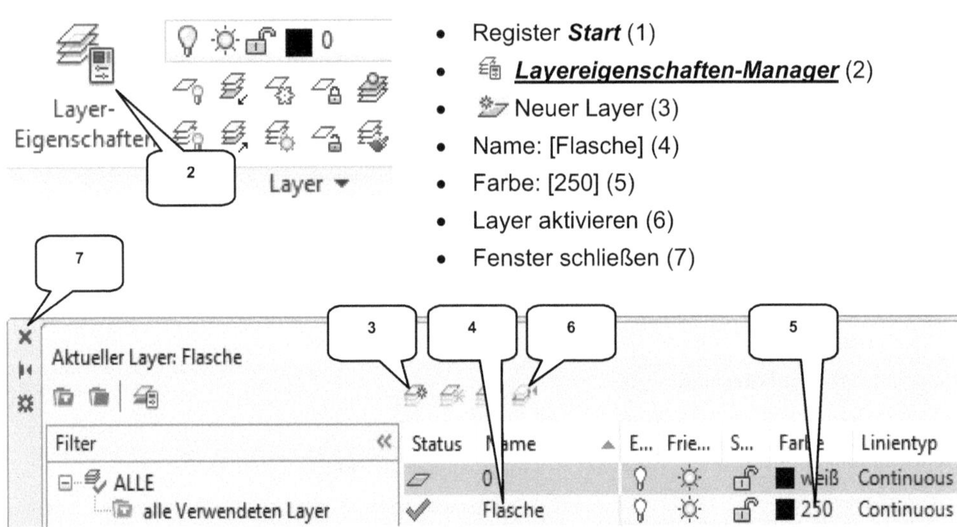

- Register **Start** (1)
- **Layereigenschaften-Manager** (2)
- Neuer Layer (3)
- Name: [Flasche] (4)
- Farbe: [250] (5)
- Layer aktivieren (6)
- Fenster schließen (7)

Das erste zu zeichnende Objekt (eine Flasche in der Draufsicht), ist als einfacher **Kreis** mit einem Radius von 50 mm zu konstruieren. Kreismittelpunkt und Radius können mittels Tastatureingabe definiert werden.

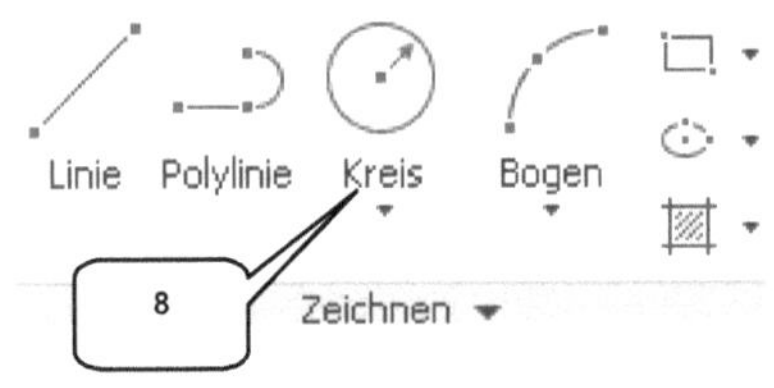

- **Kreis (Mittelpunkt, Radius)** (8)
- Startpunkt definieren: [0] > **Taste: TAB**[6]
- [0] > **Taste: ENTER** (9, 10)
- Wert für Radius angeben: [50] (11)
- **Taste: ENTER**

---

[5] Ein **Layer** (englische Bezeichnung **Schicht**) enthält alle Informationen wie z. B. Linienfarbe, Linienstärke und Linienart und definiert dadurch alle ihm zugeordneten Objekte.

[6] Zur Definition des Startpunktes (Kreismittelpunkt) müssten die X- und Y-Koordinaten eingetragen werden. Um zwischen beiden Eingabefeldern wechseln zu können, kann die **Tabulator-Taste** gedrückt werden.

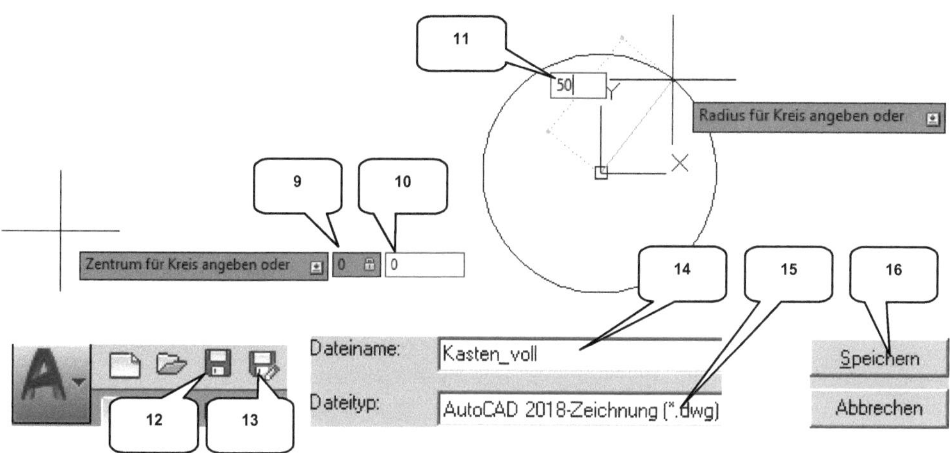

Die Zeichnung ist anschließend zu 🖫 *speichern* und zu kopieren. Um eine zusätzliche Kopie der Zeichnung mit der Bezeichnung *Kasten_voll* zu erzeugen, kann der Befehl 🖫 *Speichern unter* verwendet werden. Er befindet sich direkt neben dem Speicherbefehl.

- 🖫 *Speichern* (12)
- 🖫 *Speichern unter* (13)
- Dateiname: [Kasten_voll] (14)

- Dateityp: *.dwg (15)
- Speichern Speichern (16)

4.3 Die Flaschenkästen zeichnen
4.3.1 Der neue Layer: Flaschenkasten

Die neue Zeichnung (Kasten_Voll.dwg) ist im 🗐 *Layereigenschaften-Manager* um einen weiteren Layer *Flaschenkasten* zu ergänzen.

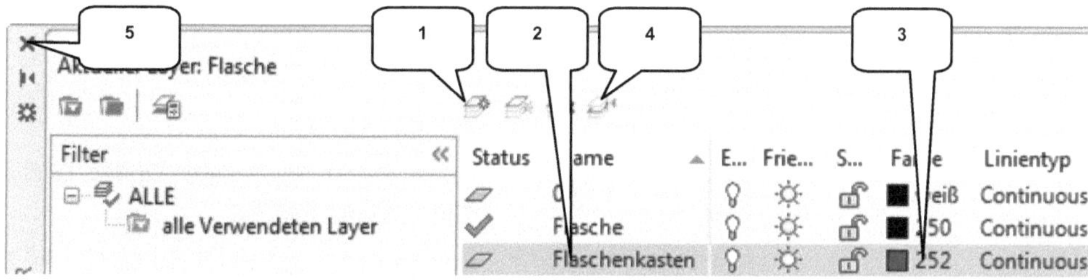

- 🗐 *Layereigenschaften-Manager*
- 🗐 Neuer Layer (1)
- Name: [Flaschenkasten] (2)

- Farbe: [252] (3)
- Layer aktivieren (4)
- Fenster schließen (5)

4.3.2 Den Kastenrahmen zeichnen

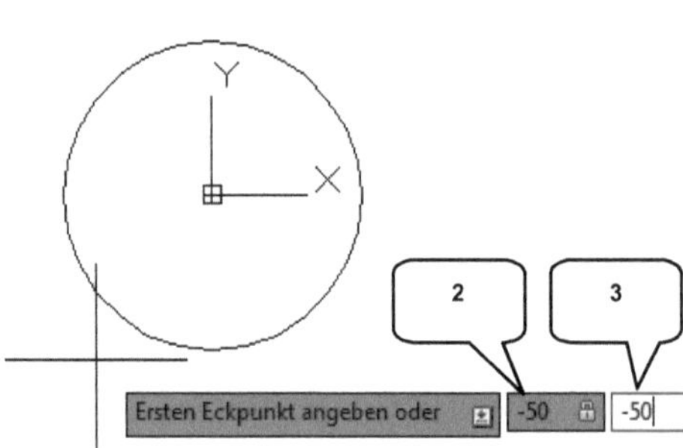

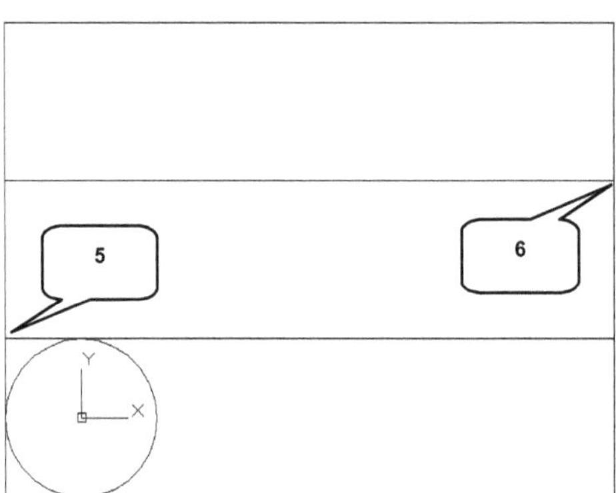

Der Kasten soll mit den Befehlen ⬚ **Rechteck** und ╱ **Linie** konstruiert werden, wobei zuerst die äußeren Konturen durch ein Rechteck darzustellen sind. Gezeichnet werden soll wieder per Tastatureingabe der Koordinaten und Abmessungen.

Verwenden Sie nach Möglichkeit die Option der Koordinateneingabe, da hierbei Position, Größe und Lage des Rechtecks bereits vorab definiert werden und somit keine nachträglichen Änderungen erforderlich sind. Das erste Wertepaar definiert die Position des Startpunktes, mit den restlichen Eingaben werden Länge und Breite des Rechtecks eingetragen.

- ⬚ **Rechteck** (1)
- Erster Punkt: [-50] > **Taste: TAB** > [-50] > **Taste: ENTER** (2,3)
- Zweiter Punkt (4): [400] > **Taste: TAB** > [300] > **Taste: ENTER**

Mit einem zweiten Rechteck werden die Reihen des Flaschenkastens gekennzeichnet.

- ⬚ **Rechteck** (1)
- Erster Punkt (5): [-50] > **Taste: TAB** > [50] > **Taste: ENTER**
- Zweiter Punkt (6): [400] > **Taste: TAB** > [100] > **Taste: ENTER**

4.3.3 Die Innenwände zeichnen

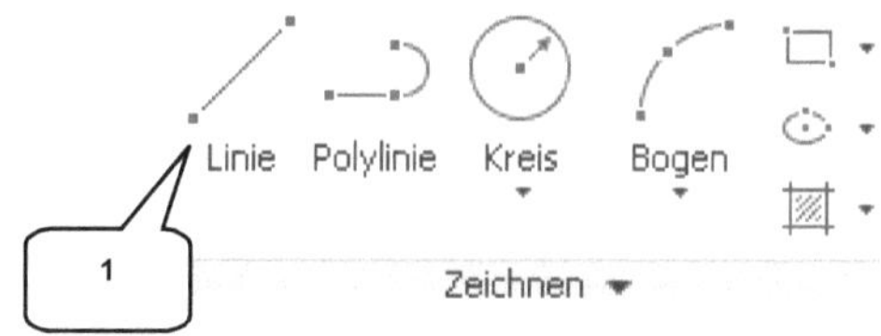

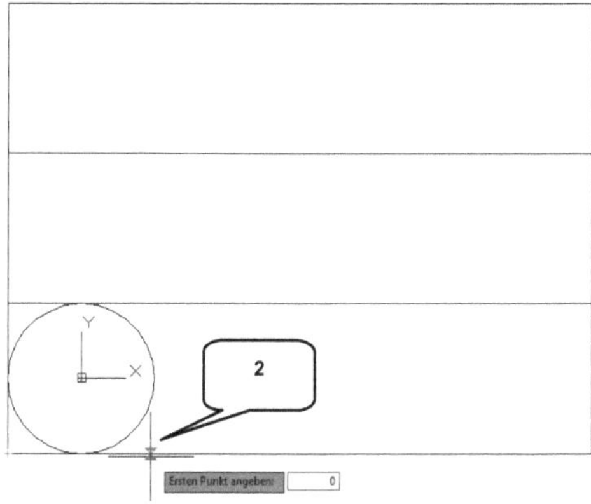

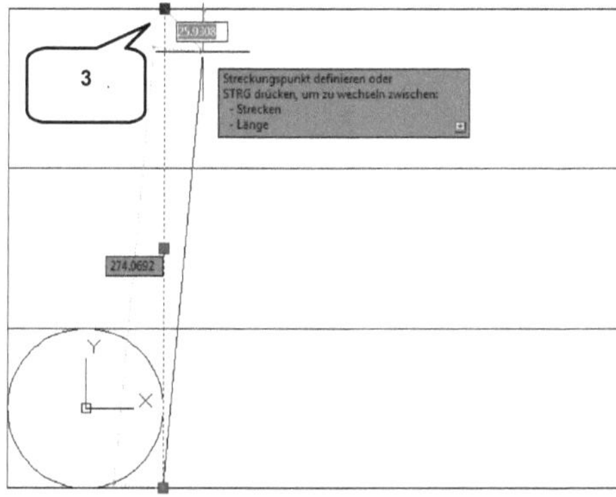

Drei weitere Linien sollen die Kontur vervollständigen. Die erste / **Linie** wird ebenfalls durch die Vorgabe der Linienpunkte und per Tastatureingabe definiert.

- / **_Linie_** (1)
- Erster Punkt (2): [50] > **_Taste: TAB_** > [-50] > **_Taste: ENTER_**
- Zweiter Punkt (3): [300] > **_Taste: TAB_** > [90] > **_Taste: ENTER_**
- **_Taste: ESC_**

Die restlichen beiden Linien sollen kopiert werden. Hierfür muss innerhalb des Befehls **_Kopieren_** das Referenzobjekt ausgewählt werden, der Startpunkt definiert werden und die beiden Einfügepunkte müssen anschließend platziert werden.

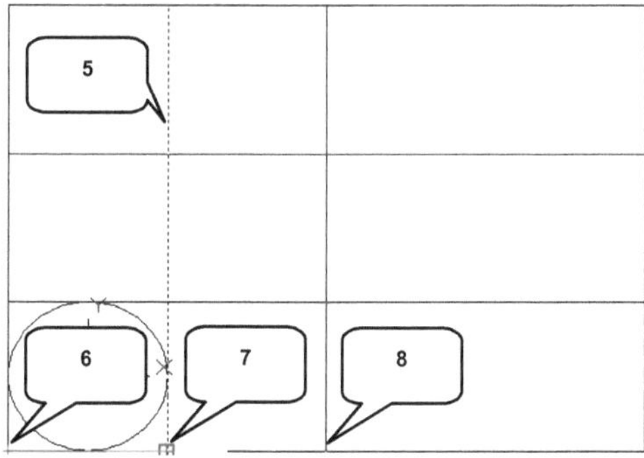

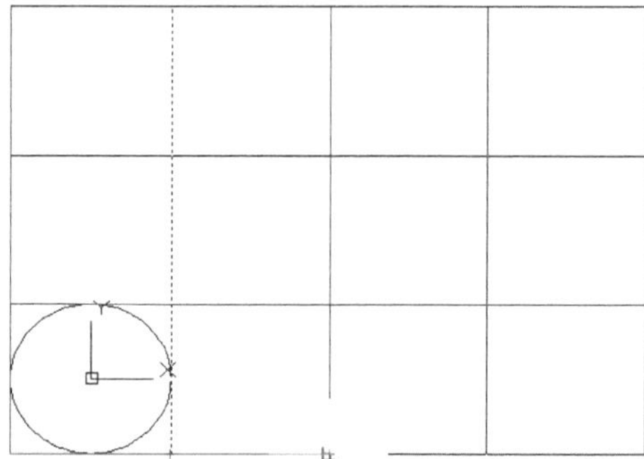

- %&5 ***Kopieren*** (4)
- Linie wählen (5)
- ***Taste: ENTER***
- Basispunkt wählen (6)

- Ersten Einfügepunkt wählen (7)
- Zweiten Einfügepunkt wählen (8)
- ***Taste: ESC***

4.3.4 Erzeugen weiterer Flaschen

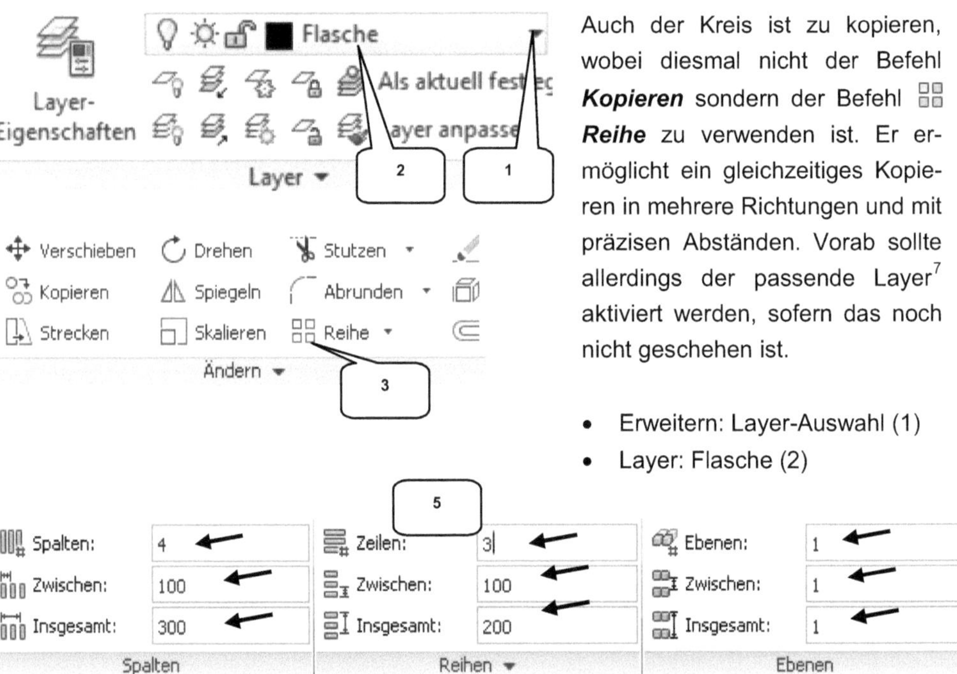

Auch der Kreis ist zu kopieren, wobei diesmal nicht der Befehl ***Kopieren*** sondern der Befehl ⊞ ***Reihe*** zu verwenden ist. Er ermöglicht ein gleichzeitiges Kopieren in mehrere Richtungen und mit präzisen Abständen. Vorab sollte allerdings der passende Layer[7] aktiviert werden, sofern das noch nicht geschehen ist.

- Erweitern: Layer-Auswahl (1)
- Layer: Flasche (2)

---

[7] Generell sollte in regelmäßigen Abständen kontrolliert werden, ob der korrekte Layer eingestellt ist. Nur damit kann gewährleistet werden, dass den Objekten auch die gewünschten Eigenschaften zugewiesen werden.

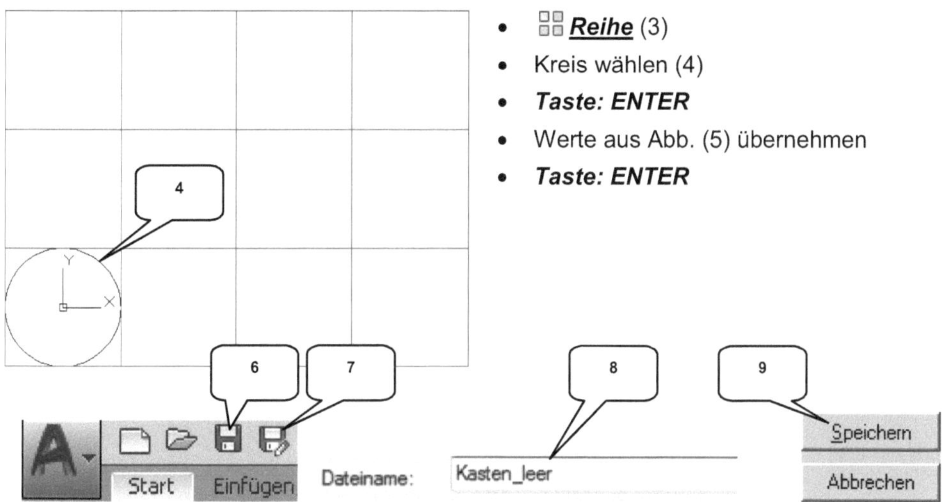

- ⊞ *__Reihe__* (3)
- Kreis wählen (4)
- **Taste: ENTER**
- Werte aus Abb. (5) übernehmen
- **Taste: ENTER**

Sobald die aktuelle Datei erneut 💾 *gespeichert* wurde, soll sie zusätzlich als Kopie unter der Bezeichnung **Kasten_leer** abgelegt werden.

- 💾 *__Speichern__* (6)
- 💾 *__Speichern unter__* (7)
- Dateiname: [Kasten_leer] (8)

- Dateityp: *.dwg
- Speichern Speichern (9)

4.3.5 Löschen der Kreise und des zugehörigen Layers

Um die Flaschen aus dem Kasten zu entfernen, müssen lediglich die Kreise in der Zeichnung gelöscht werden. Das könnte entweder durch ein Markieren der Kreise und dem anschließenden Drücken der **Entfernen-Taste** passieren, oder etwas eleganter mit dem Befehl ✗ *Löschen*. Diese Option hat den Vorteil, dass neben den eigentlichen Objekten auch der zugehörige Layer aus der Zeichnung entfernt wird.

Vorher muss allerdings ein anderer als der zu löschende Layer aktiviert werden (aktive Layer können nicht gelöscht werden).

Öffnen Sie in der Befehlsgruppe **Layer** das Auswahlmenü und aktivieren Sie darin den Layer **Flaschenkasten**.

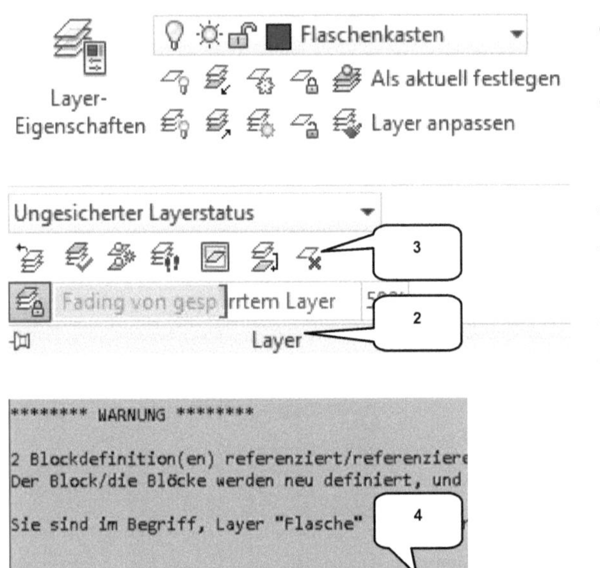

- Layer *Flaschenkasten* aktivieren (1)
- Befehlsgruppe *Layer* erweitern (2)

- *Löschen* (3)
- Einen der Kreise im Zeichenbereich wählen
- *Taste: ENTER*
- Im Eingabefenster [Ja][8] eintragen (4)
- *Taste: ENTER*

- *Speichern*
- Zeichnung schließen

4.4 Paletten zeichnen und Zeichnung speichern
4.4.1 Die vorhandenen Kästen rechteckig anordnen

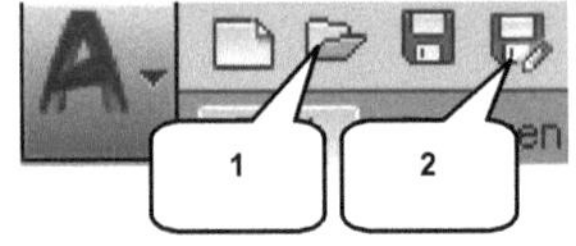

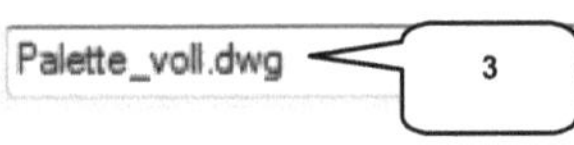

Eine neue Zeichnung soll eine Palette samt Kästen und Flaschen in der Draufsicht darstellen. *Öffnen* (1) Sie die Zeichnung *Kasten_voll.dwg* aus dem Projektordner und verwenden Sie den Befehl *Speichern unter* (2), um eine Kopie der Zeichnung als *Palette_voll* (3) zu speichern. Verwenden Sie den Befehl *Reihe*, um alle vorhandenen Flaschen und Kästen zu kopieren. Um mehrere Objekte einer Zeichnung gleichzeitig markieren zu können, kann auch ein *Rahmen*[9] darüber aufgespannt werden. Sollen sogar alle Objekte einer Zeichnung markiert werden, verwendet man am besten die Kombination der *Steuerungstaste* mit der *Taste A*.

---

[8] Bevor ein Layer gelöscht werden kann, muss die o. G. Fehlermeldung bestätigt werden, denn das Löschen eines Layers ist endgültig und nach dem Speichern unwiderruflich.

[9] Sind mehrere Objekte zeitgleich zu markieren, kann bei gedrückter linker Maustaste ein Rahmen darüber aufgespannt werden. Wird er bei gedrückter linker Maustaste von rechts nach links aufgezogen (roter Rahmen), so werden alle vollständig darin liegenden Objekte markiert; wird er von links nach rechts aufgespannt (grüner Rahmen), so werden auch Objekte markiert wenn z. B. nur ein kleiner Teil davon innerhalb des Bereiches liegt.

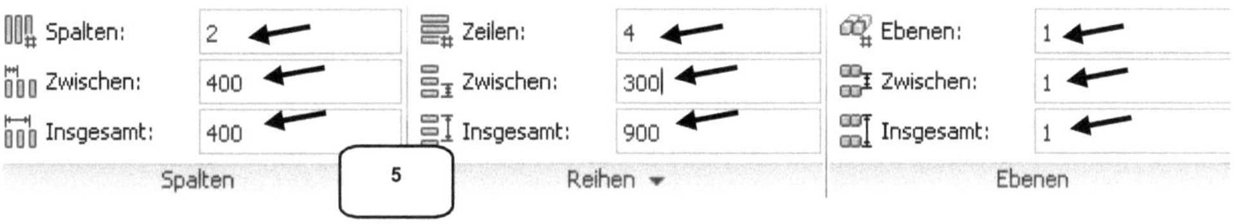

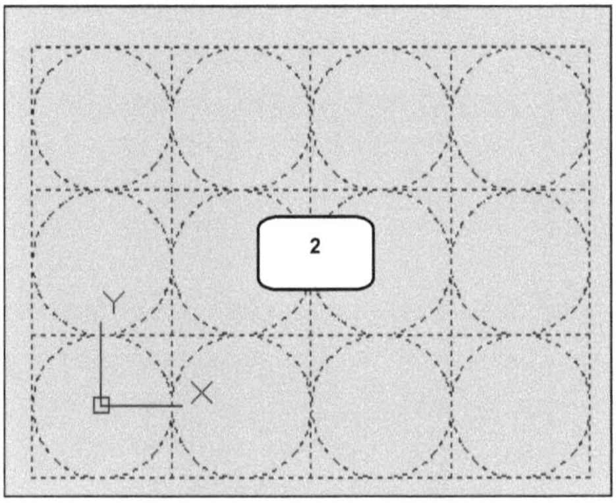

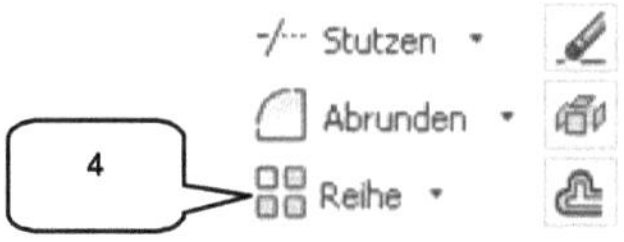

Spalten:
2
Zwischen:
400
Insgesamt:
400
Spalten
5
Zeilen:
4
Zwischen:
300
Insgesamt:
900
Reihen
Ebenen:
1
Zwischen:
1
Insgesamt:
1
Ebenen

2
Y
X

Stutzen
Abrunden
4
Reihe

- ***Taste: STRG*** und ***Taste: A*** drücken
- ***Reihe*** (4)
- Werte der oberen Abb. übernehmen (5)
- ***Taste: ENTER***

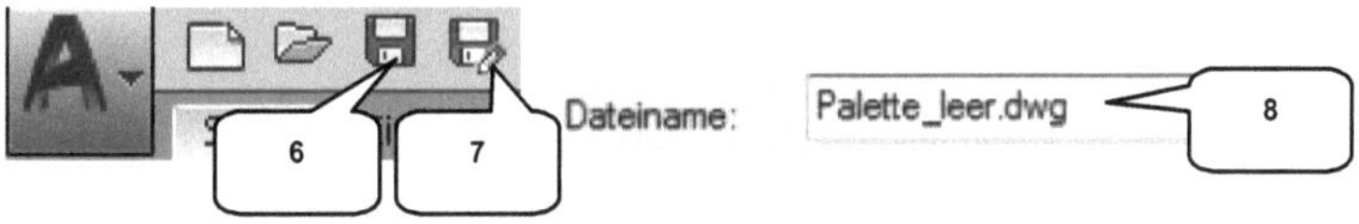

6
7
Dateiname:
Palette_leer.dwg
8

Die Zeichnung kann jetzt ***gespeichert*** (6) werden, um anschließend eine Kopie mittels Befehl ***Speichern unter*** (7) unter der Bezeichnung ***Palette_leer*** (8) zu erzeugen.

4.4.2 Der neue Layer: Palette

In der neuen Zeichnung wird der neue Layer ***Palette*** benötigt, wofür der ***Layereigenschaften-Manager*** zu starten ist.

5
1
2
4
3
r: Palette
Filter
ALLE
alle Verwendeten Layer
Status
ame
E...
Frie...
S...
Linientyp
Continuous
asche
schenkasten
Palette
Continuous
Continuous
Continuous

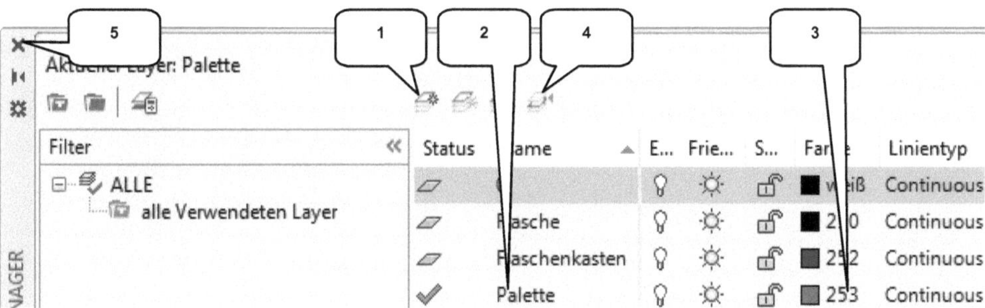

- 🗐 ***Layereigenschaften-Manager***
- 🗒 Neuer Layer (1)
- Name: [Palette] (2)

- Farbe: [253] (3)
- Layer aktivieren (4)
- Fenster schließen (5)

4.4.3 Zeichnen der Palettenkonturen

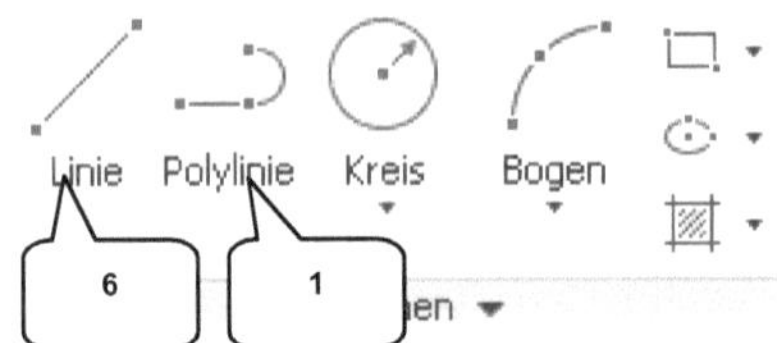

Die Palette soll durch ein Rechteck mit zwei diagonalen Linien symbolisiert werden. Verwenden Sie die Befehle ⟋ ***Polylinie*** und ⟋ ***Linie*** zum Zeichnen der Objekte.

Starten Sie den Befehl ⟋ ***Polylinie*** und verbinden Sie nacheinander die in der folgenden Abbildung markierten Eckpunkte. Beenden Sie den Befehl mit der Tastatureingabe [**S**]: sie verbindet den letzten Punkt der Polylinie mit dem ersten Punkt.

- ⟋ ***Polylinie*** (1)
- Startpunkt: Markierter Punkt (2)
- Nächster Punkt: Markierter Punkt (3)
- Nächster Punkt: Markierter Punkt (4)
- Nächster Punkt: Markierter Punkt (5)
- Tastatureingabe: [S]
- ***Taste: ENTER***

Kästen und Flaschen können jetzt aus der Zeichnung gelöscht werden. Markieren Sie dafür einen der Kreise[10] und drücken Sie die ***Taste: ENTF***. Um das Rechteck um zwei Diagonalen ergänzen zu können ist im Anschluss daran der Befehl ⟋ ***Linie*** zu starten.

---

[10] Dabei sollte darauf geachtet werden, nicht die zuletzt erstellte Polylinie zu markieren, sondern ausschließlich einen der Kreise anzuklicken.

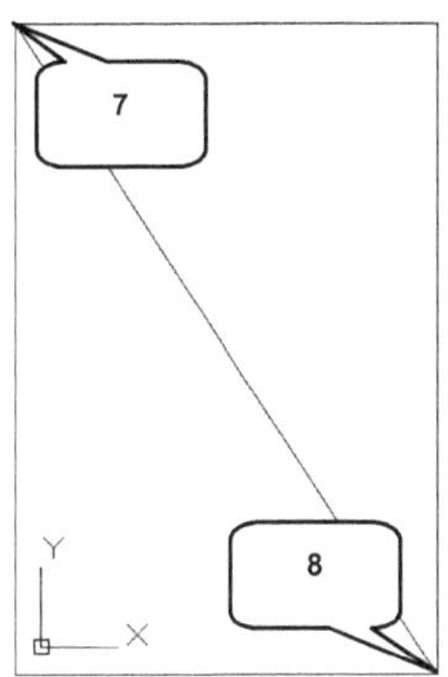

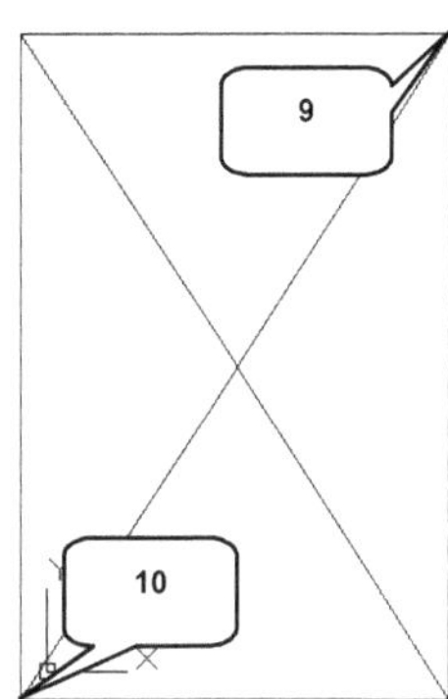

- ╱ **_Linie_** (6)
- Erster Punkt: Markierter Punkt (7)
- Zweiter Punkt: Markierter Punkt (8)
- **_Taste: ESC_**

- ╱ **_Linie_** (6)
- Erster Punkt: Markierter Punkt (9)
- Zweiter Punkt: Markierter Punkt (10)
- **_Taste: ESC_**

Die Datei kann anschließend 🖫 **_gespeichert_** und geschlossen werden.

4.5 Die Konstruktion des ersten Maschinensymbols
4.5.1 Erstellen einer neuen Zeichnung

Starten Sie den Befehl 🗋 **_Neu_** und wählen Sie die Vorlage **_acadiso.dwt_**. 🖫 **_Speichern_** Sie die Zeichnung im Projektordner ab und verwenden Sie die Bezeichnung: **_01_02_Kästen_von_Paletten_heben_**.

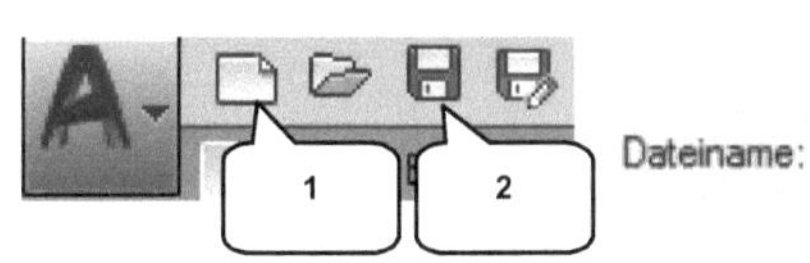

- 🗋 **_Neu_** (1)
- Vorlage: acadiso.dwt
- [Öffnen]

- 🖫 **_Speichern_** (2)
- Dateiname:
  [01_02_Kästen_von_Paletten_heben] (3)
- Dateityp: *.dwg
- Speichern (4)

4.5.2 Der neue Layer: Kästen_von_Palette_heben

Starten Sie den 🗂 **Layereigenschaften-Manager** und erstellen Sie einen neuen Layer unter der Bezeichnung **Kästen_von_Palette_heben** mit den folgenden Eigenschaften:

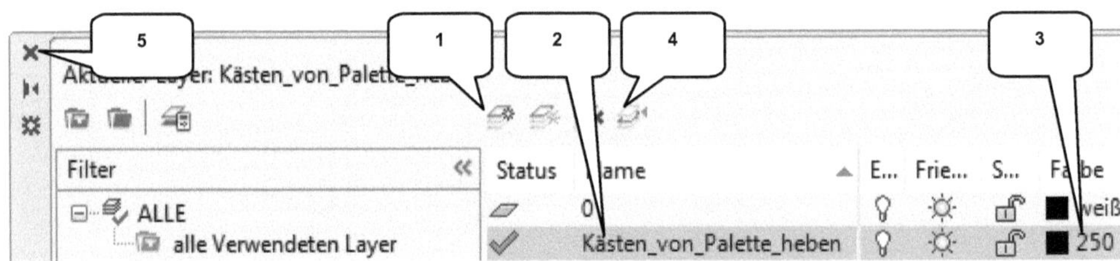

- 🗂 **_Layereigenschaften-Manager_**
- 🖍 Neuer Layer (1)
- Name: [Kästen_von_Palette_heben] (2)

- Farbe: [250] (3)
- Layer aktivieren (4)
- Fenster schließen (5)

4.5.3 Zeichnen der Maschine

Verwenden Sie die Befehle ╱ **Linie**, ⟲ **Polylinie** und ▱ **Rechteck**, um die folgende Zeichenkontur[11] zu erzeugen (der Punkt **P0** kennzeichnet den Koordinatenursprung).

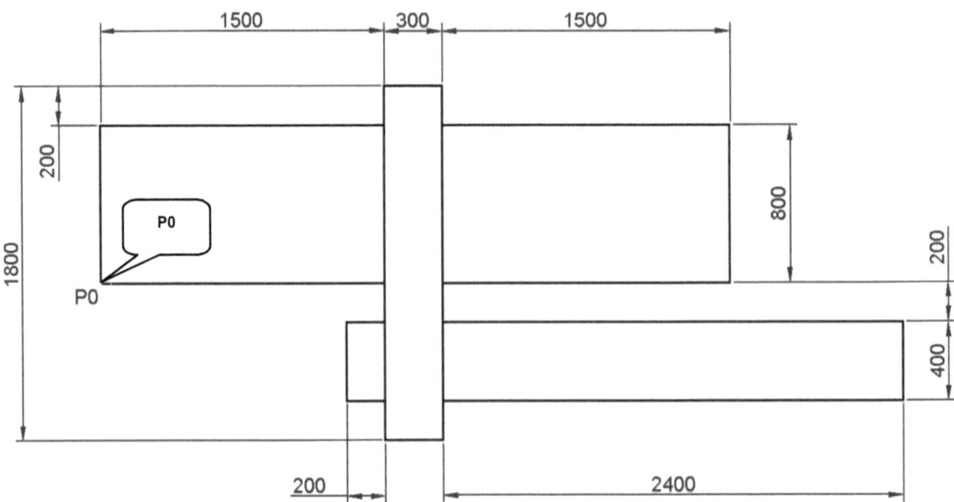

---

[11] Wurde ein Punkt falsch positioniert, so kann per Texteingabe [Z] und der **Taste: ENTER** ein Schritt zurückgesprungen werden, um den Fehler korrigieren zu können.

4.5.4 Einfügen eines Blocks in die Zeichnung (Palette_Voll)

In der folgenden Übung soll die Zeichnung **Palette_Voll.dwg** als Block[12] in die aktuelle Zeichnung importiert werden.

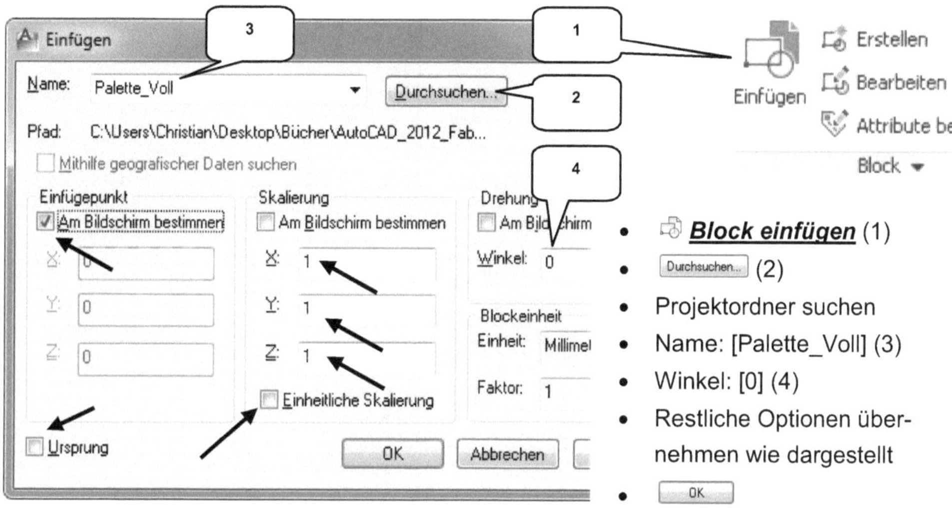

-  **Block einfügen** (1)
- Durchsuchen... (2)
- Projektordner suchen
- Name: [Palette_Voll] (3)
- Winkel: [0] (4)
- Restliche Optionen übernehmen wie dargestellt
- OK

Der Block kann im Anschluss daran nahe der bereits gezeichneten Maschine per Klick der linken Maustaste abgelegt werden.

4.5.5 Verschieben der Palette

Zur genauen Positionierung der Palette kann der Befehl **Verschieben** verwendet werden. Start- und Endpunkt sind dabei nacheinander anzuklicken.

- **Verschieben** (1)
- Palette wählen (2)
- **Taste: ENTER**
- Basispunkt wählen (3)
- Zielpunkt wählen (4)

---

[12] **Blöcke** sind zusammengefasste Gruppierungen verschiedener Objekte. Sie werden innerhalb einer Zeichnung gespeichert, können aber auch als externe Zeichnung gespeichert werden, bzw. von einer AutoCAD-Zeichnung in eine andere AutoCAD-Zeichnung importiert werden.

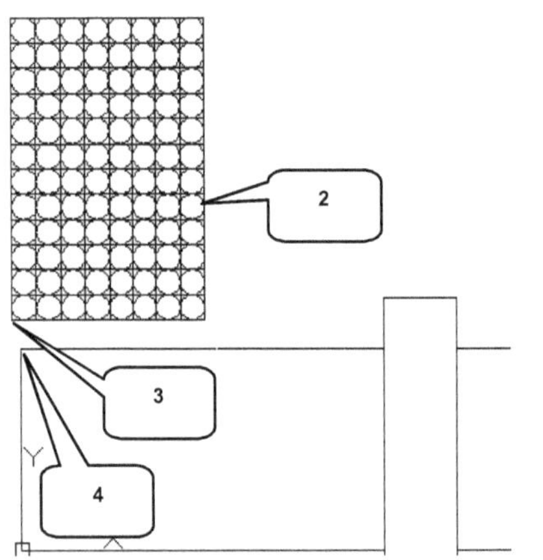

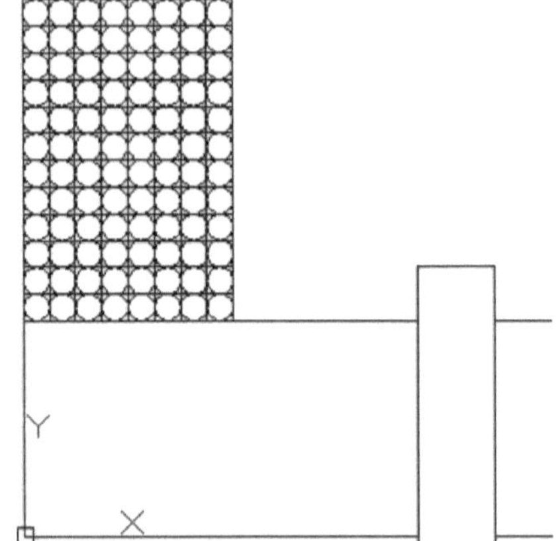

4.5.6 Die Palette um 90 Grad drehen

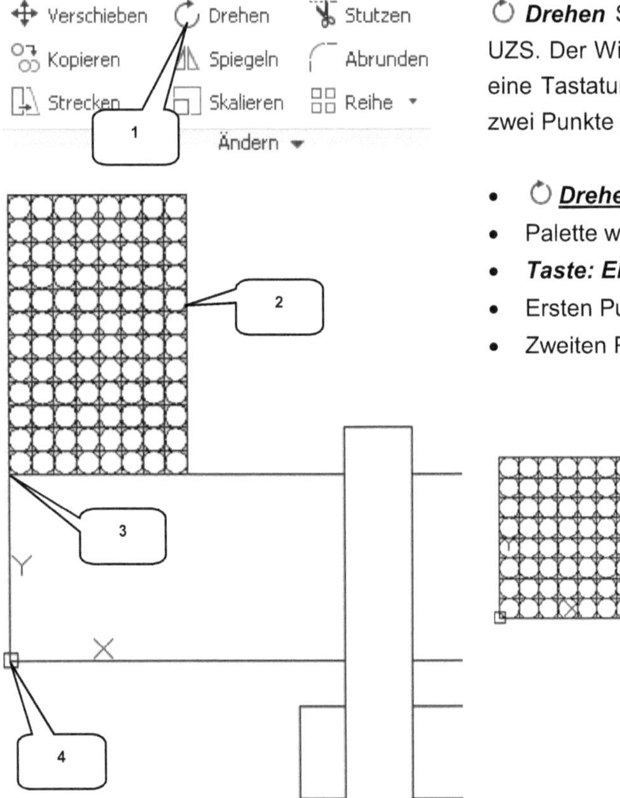

Drehen Sie die Palette um 90 Grad im UZS. Der Winkel kann dabei entweder über eine Tastatureingabe festgelegt, oder durch zwei Punkte definiert werden.

- **_Drehen_** (1)
- Palette wählen (2)
- **_Taste: ENTER_**
- Ersten Punkt wählen (3)
- Zweiten Punkt wählen (4)

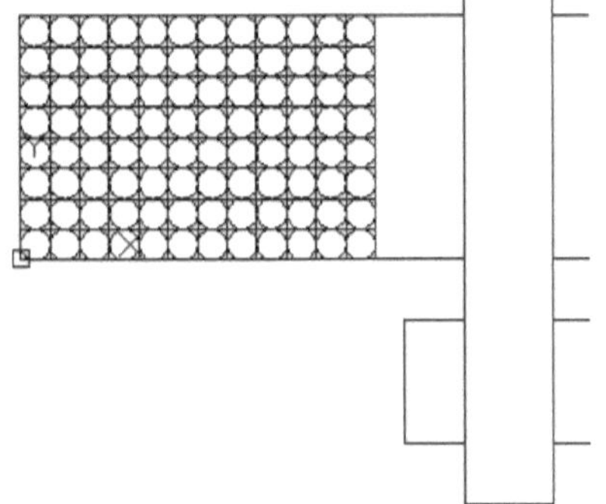

4.5.7 Einen weiteren Block in die Zeichnung einfügen (Palette_Leer)

Im folgenden Schritt ist der Block **Palette_Leer** in die Zeichnung einzufügen, welcher während des Einfügens um 90 Grad zu drehen ist. Auch die leere Palette kann in der Nähe der Maschine frei abgelegt werden.

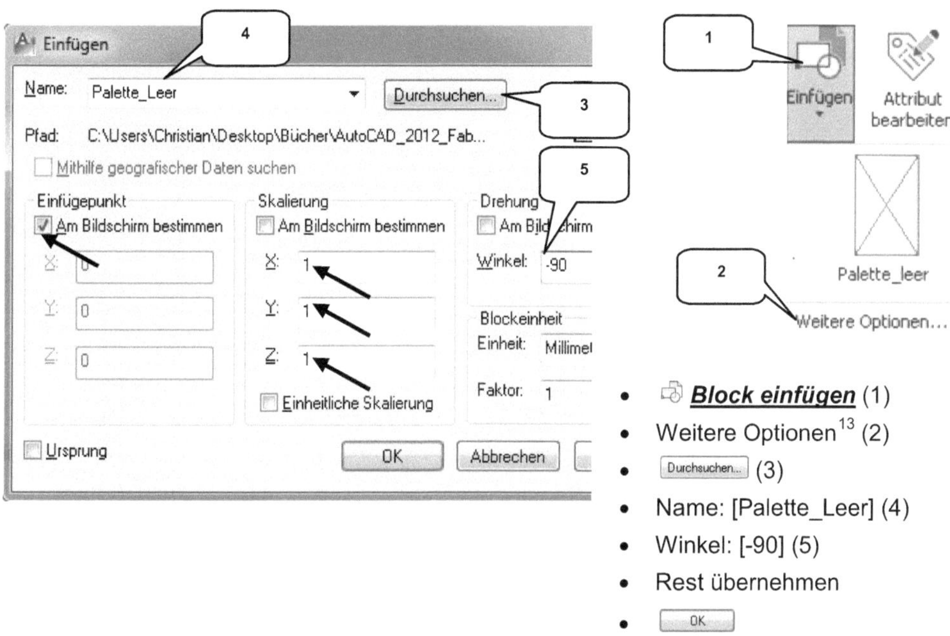

- 🖉 **_Block einfügen_** (1)
- Weitere Optionen[13] (2)
- Durchsuchen... (3)
- Name: [Palette_Leer] (4)
- Winkel: [-90] (5)
- Rest übernehmen
- OK

4.5.8 Verschieben der Palette

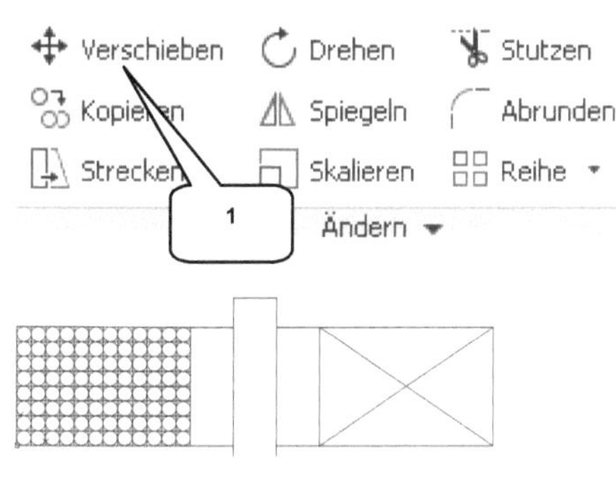

Nach der Drehung der Palette muss sie noch auf die Zielposition ✛ **_verschoben_** werden.

- ✛ **_Verschieben_** (1)
- Leere Palette wählen (2)
- **_Taste: ENTER_**
- Basispunkt wählen (3)
- Zielpunkt wählen (4)

---

[13] Wird der Befehl **_Block einfügen_** gestartet wenn bereits ein Block in der Zeichnung vorhanden ist, dann steht die Auswahl eines neuen Blocks (3) erst zur Verfügung, wenn die **_Weiteren Optionen_** (2) aktiviert wurden.

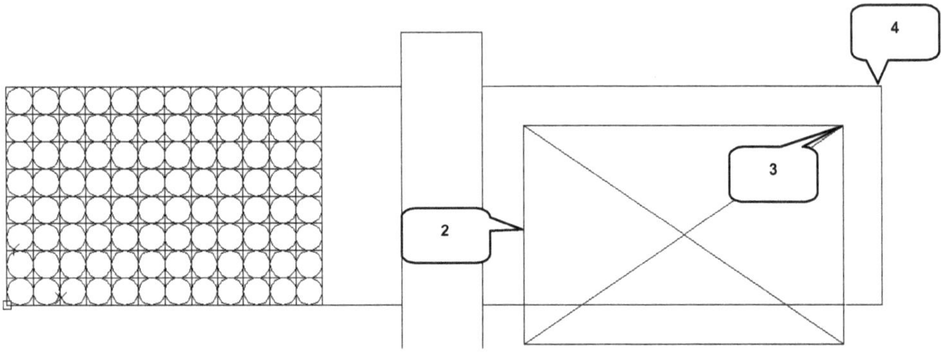

4.5.9   Einen weiteren Block in die Zeichnung einfügen (Kasten_Voll)

Fügen Sie den Block **Kasten_Voll** in die Zeichnung ein und positionieren Sie das Objekt.

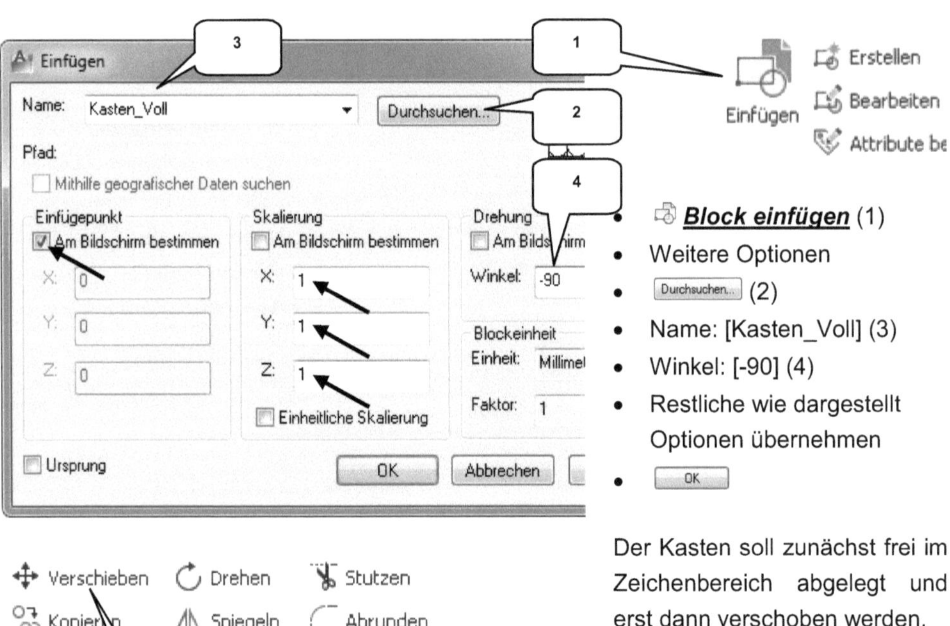

- **Block einfügen** (1)
- Weitere Optionen
- Durchsuchen... (2)
- Name: [Kasten_Voll] (3)
- Winkel: [-90] (4)
- Restliche wie dargestellt Optionen übernehmen
- OK

Der Kasten soll zunächst frei im Zeichenbereich abgelegt und erst dann verschoben werden.

- **Verschieben** (5)
- Kasten wählen (6)
- **Taste: ENTER**
- Basispunkt wählen (7)
- Zielpunkt wählen (8)

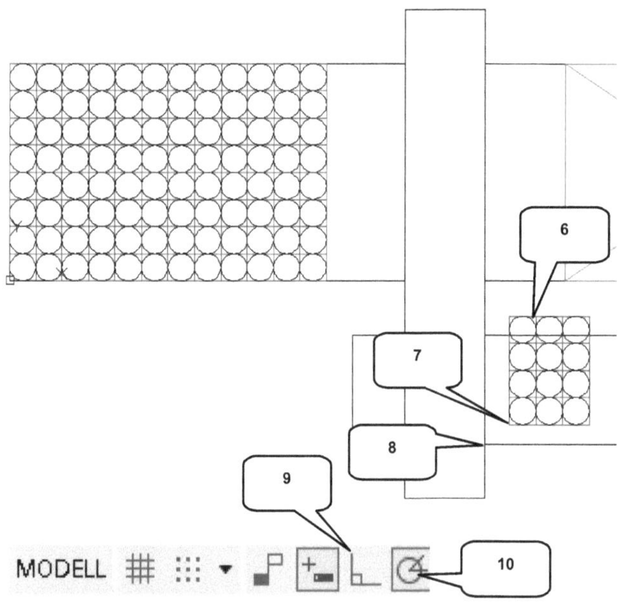

Um das Objekt 300 mm horizontal nach rechts verschieben zu können, sollte der ⌞ *Ortho-Modus*[14] temporär aktiviert werden.

- ⌞ **Ortho-Modus** aktivieren (9)

- ✥ **_Verschieben_** (5)
- Kasten wählen (6)
- **Taste: ENTER**
- Basispunkt wählen (8)
- Maus waagerecht nach rechts ziehen
- Wert: [300] eingeben
- **Taste: ENTER**

4.5.10 Kopieren eines Blocks (Kasten_Voll)

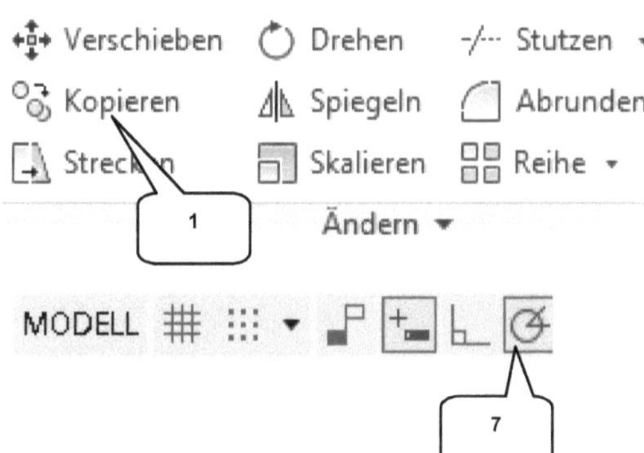

Der volle Kasten ist drei weitere Male zu °⚬ **kopieren**. Der jeweilige Abstand der Kästen zueinander soll dabei jeweils 300 mm betragen.

- °⚬ **_Kopieren_** (1)
- Kasten markieren (2)
- **Taste: ENTER**
- Nacheinander die Punkte (3), (4), (5) und (6) wählen
- **Taste: ESC**
- ⌀ **Polare Spur** aktivieren (7)

---

[14] Bei aktiviertem ⌞ **Ortho-Modus** können Zeichnungsbewegungen nur in horizontaler und vertikaler Richtung durchgeführt werden. Diese Möglichkeit vereinfacht das Zeichnen einfacher geometrischer Objekte. Bei aktiviertem **Ortho-Modus** wird die Option ⌀ **Polare Spur** (10) automatisch deaktiviert.

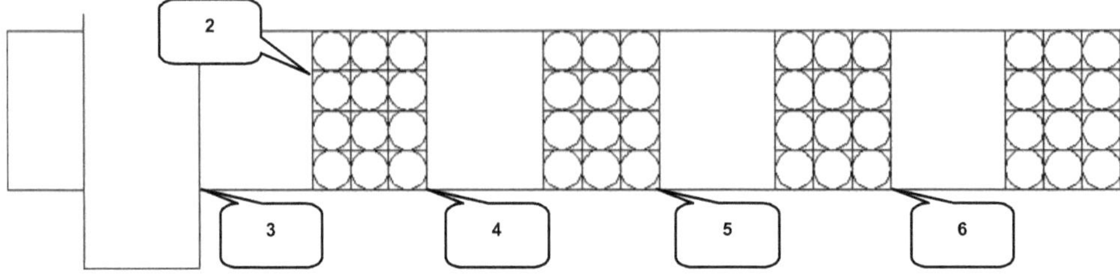

4.5.11 Markieren der Transportband-Laufrichtung

Richtungspfeile sollen die Laufrichtung der Transportbänder symbolisieren. Sie können durch den Block **Pfeil** importiert werden, der bereits in der Zeichnung vorhanden ist.

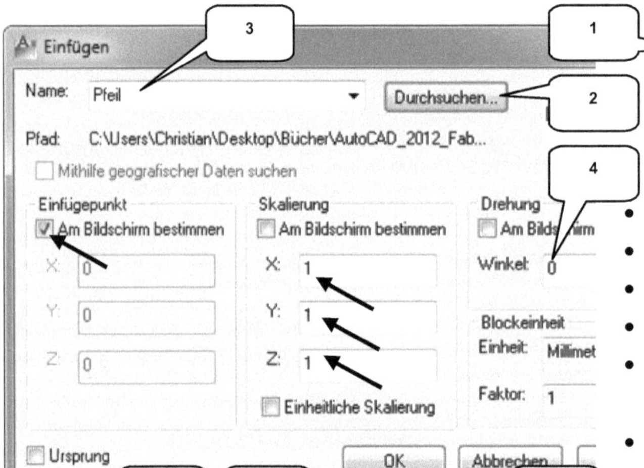

Block einfügen (1)

- Weitere Optionen
- Durchsuchen... (2)
- Name: [Pfeil] (3)
- Winkel: [0] (4)
- Restliche Optionen wie dargestellt übernehmen
- OK

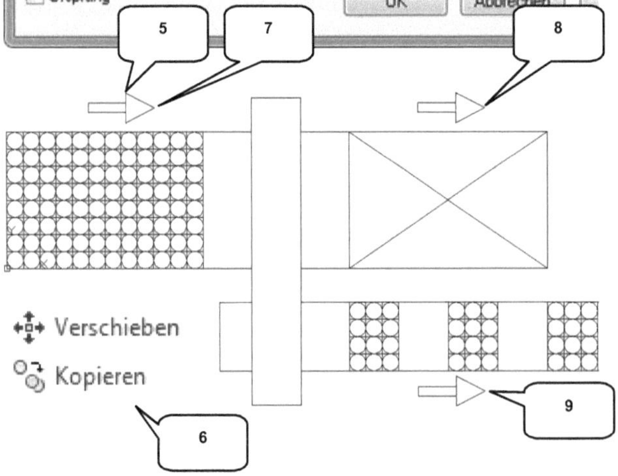

Legen Sie den ersten Pfeil ca. auf Position (5) ab und fügen Sie zwei weitere Pfeile ein.

- **Kopieren** (6)
- Pfeil markieren (5)
- **Taste: ENTER**
- Basispunkt wählen (7)
- 1. Zielpunkt wählen (8)
- 2. Zielpunkt wählen (9)
- **Taste: ESC**

4.5.12 Beschriften der Maschine

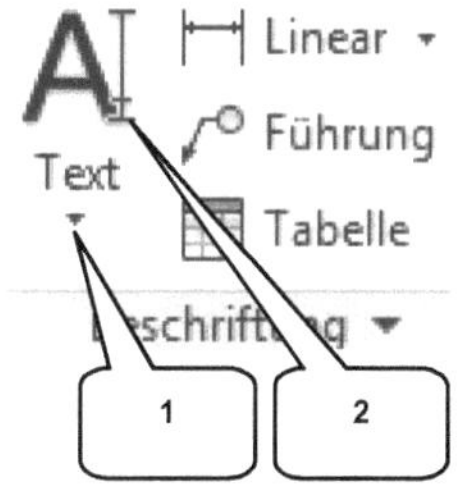

Um einen zusätzlichen, einzeiligen Text in die Zeichnung einfügen zu können, muss das Befehlsmenü *Text* erweitert werden, um den darin enthaltenen Befehl A *Einzelne Linie* aktivieren zu können.

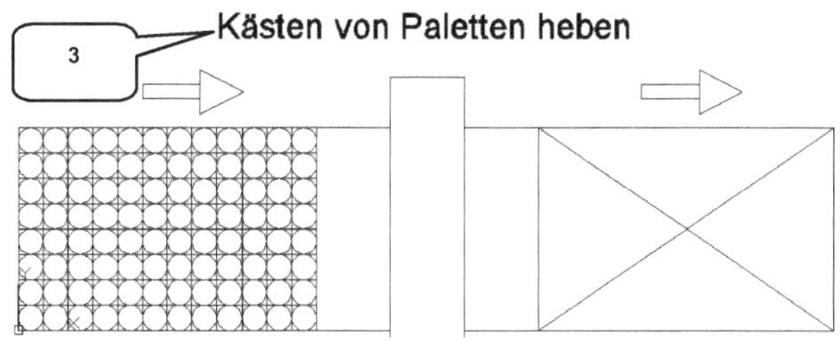

- Befehlsmenü *Text* erweitern (1)
- A *Einzelne Linie* (2)
- Startpunkt setzen (3)
- Wert für Höhe eingeben: [100]
- *Taste: ENTER*

- Wert für Drehwinkel eingeben: [0]
- *Taste: ENTER*
- Text eingeben:
  [Kästen von Paletten heben]
- *Taste: ENTER > Taste: ENTER*

Die Zeichnung kann jetzt 🖫 *gespeichert* und *geschlossen* werden.

4.6   Die Produktionslinie
4.6.1   Erzeugen einer neuen Zeichnung

Starten Sie den Befehl 🗋 *Neu*, wählen Sie aus den vorhandenen Vorlagen die *acadiso.dwt* aus und 🖫 *speichern* Sie die Zeichnung im Projektordner unter der Bezeichnung *01_00_Produktionslinie*.

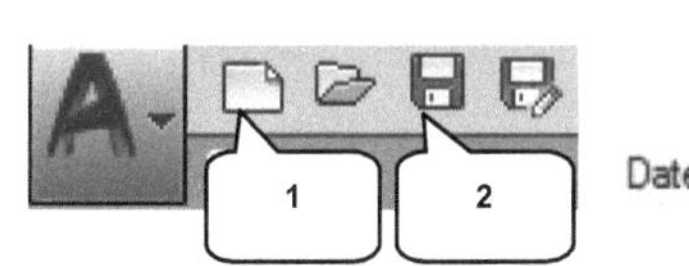

- 🗋 *Neu* (1)
- Vorlage: acadiso.dwt
- Öffnen

- 🖫 *Speichern* (2)
- Dateiname: [01_00_Produktionslinie] (3)
- Dateityp: *.dwg
- Speichern (4)

4.6.2 Die Maschinen der Produktionslinie importieren

In der folgenden Übung sollen Blöcke unter Verwendung des Benutzerkoordinatensystems in die Zeichnung eingefügt werden. Jede Zeichnung besitzt den Koordinatenursprungspunkt und die drei Hauptachsen (X, Y, Z). Wurde ein Zeichenelement bereits darauf bezogen konstruiert, so kann diese Position auch in anderen Zeichnungen verwendet werden, sofern sie als Block darin eingefügt wird.

Hierfür muss beim Einfügen eines Blocks lediglich die Option *Einfügepunkt am Bildschirm bestimmen* deaktiviert werden.

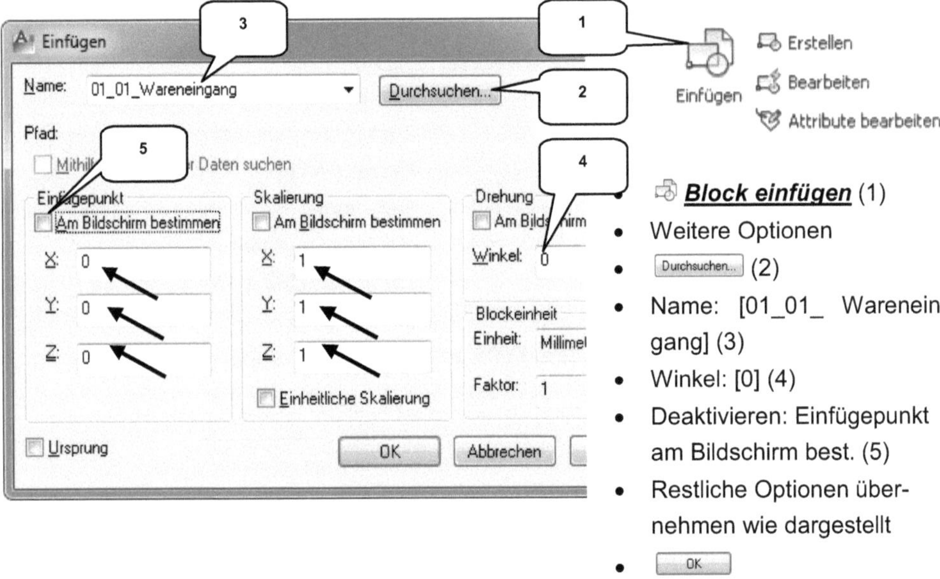

- *Block einfügen* (1)
- Weitere Optionen
- Durchsuchen... (2)
- Name: [01_01_ Warenein-gang] (3)
- Winkel: [0] (4)
- Deaktivieren: Einfügepunkt am Bildschirm best. (5)
- Restliche Optionen übernehmen wie dargestellt
- OK

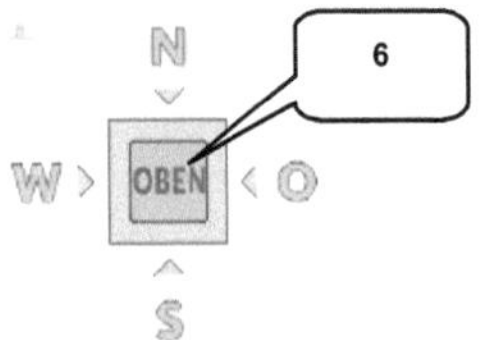

Um das neue Objekt im Fensterbereich der Zeichnung sichtbar zu machen, kann am *ViewCube* die Ansicht *OBEN* (6) aktiviert werden und die Ansicht wird danach gezoomt.

Nach der Platzierung sind weitere Blöcke zu importieren, wobei dieselben Einstellungen zu verwenden sind. Wiederholen Sie dafür den Befehl *Einfügen*, bis alle folgenden Objekte in die Zeichnung importiert worden sind:

<u>Fügen Sie nacheinander die folgenden Blöcke ein:</u>

- 01_03_Palettenspeicher
- 01_04_Flaschen_aus_Kästen_heben
- 01_05_Kastenwaschmaschine
- 01_06_Kastenspeicher
- 01_07_Flaschenspeicher_01
- 01_08_Flaschenkontrolle_01
- 01_09_Flaschenwaschmaschine

- 01_10_Flaschenkontrolle_02
- 01_11_Flaschenspeicher_02
- 01_12_Füllen_Schließen_Etikettieren
- 01_13_Flaschen_in_Kästen_heben
- 01_14_Kästen_auf_Paletten_heben
- 01_15_Warenausgang
- 01_16_Flaschentransportsystem

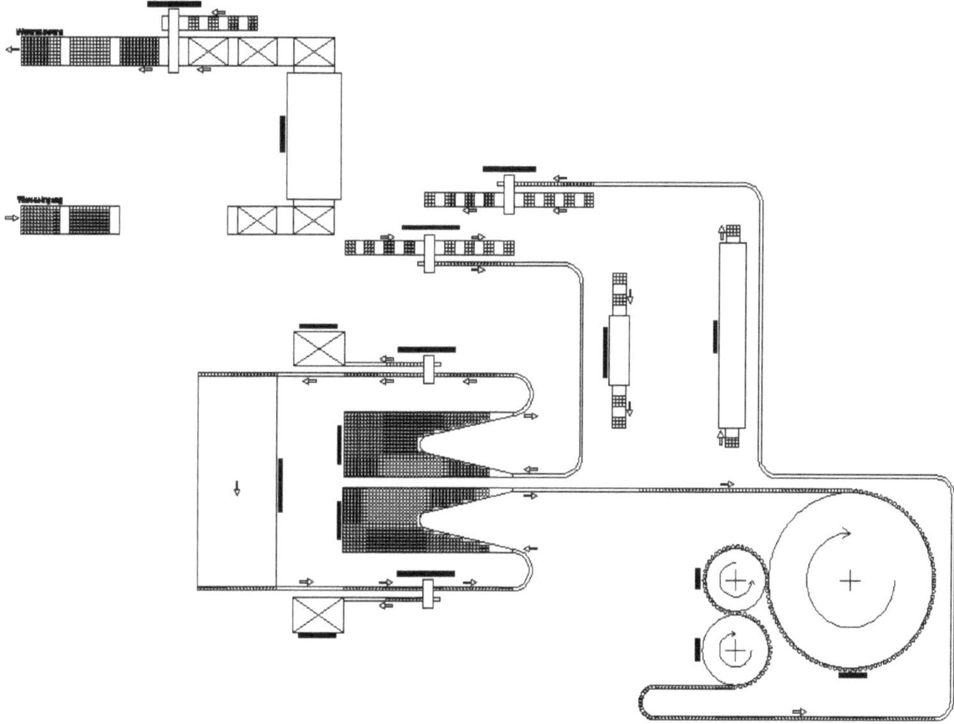

Im Resultat sollte sich die in der oberen Abbildung dargestellte Konstellation verschiedener Maschinen und Transportsysteme zeigen, wenn alle importierten Objekte auf den Koordinatenursprung bezogen platziert wurden. Die folgende Maschine soll ebenfalls als Block in die Zeichnung importiert werden. Sie soll diesmal allerdings nicht auf den Koordinatenursprungs bezogen werden, sondern ist manuell auszurichten.

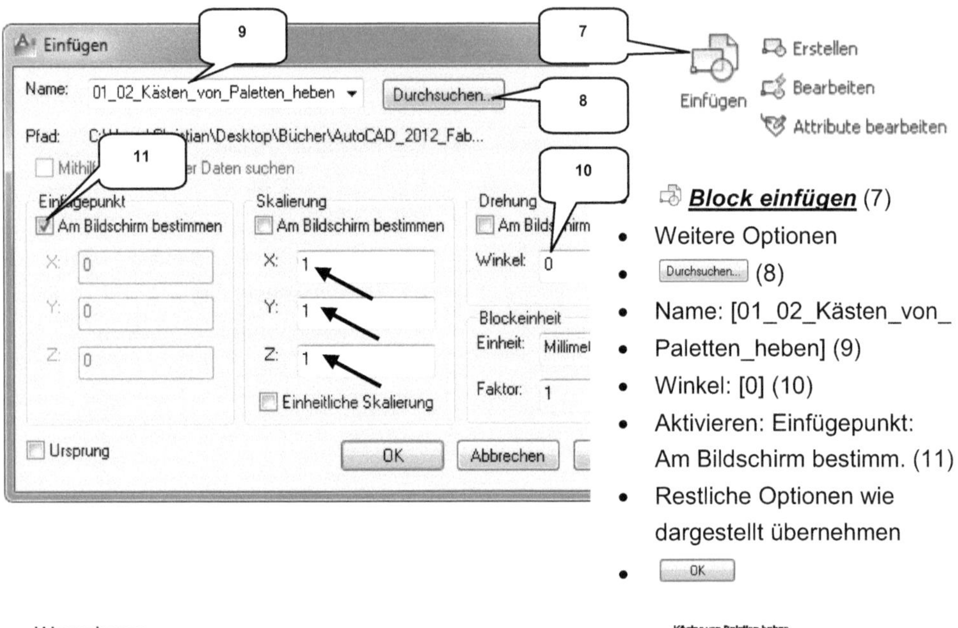

Block einfügen (7)

- Weitere Optionen
- Durchsuchen... (8)
- Name: [01_02_Kästen_von_
- Paletten_heben] (9)
- Winkel: [0] (10)
- Aktivieren: Einfügepunkt: Am Bildschirm bestimm. (11)
- Restliche Optionen wie dargestellt übernehmen
- OK

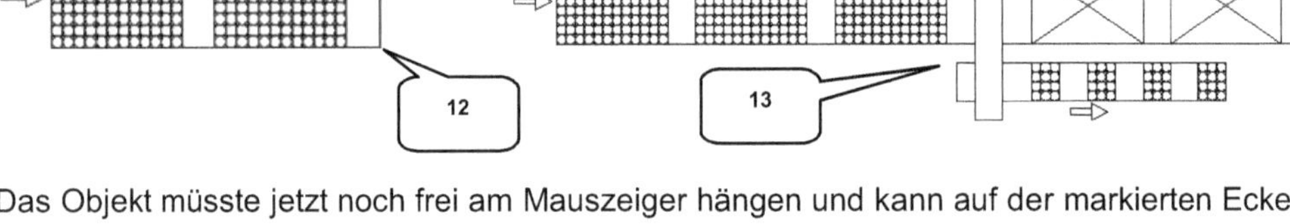

Das Objekt müsste jetzt noch frei am Mauszeiger hängen und kann auf der markierten Ecke des Wareneingangs (12) abgelegt werden. Es sollte genau zwischen Wareneingang und Transportband des Palettenspeichers passen, was andernfalls mittels Befehl ✛ **Verschieben** korrigiert werden kann.

4.6.3 Aktivierung des Layers: Transportsysteme

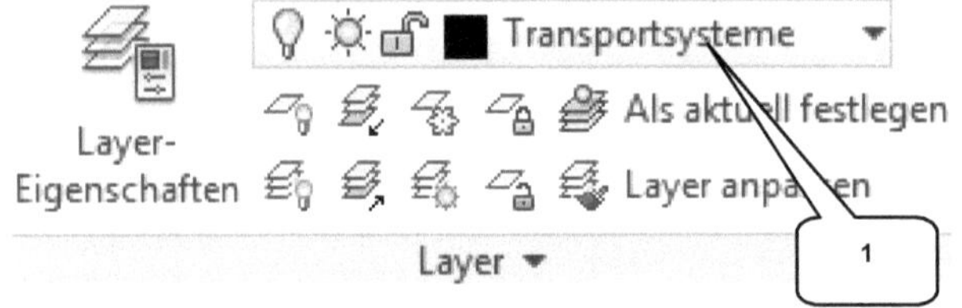

Aktivieren Sie den Layer **Transportsysteme**:

- Layer **Transportsysteme** auswählen (1)

4.6.4 Das Kastentransportsystem

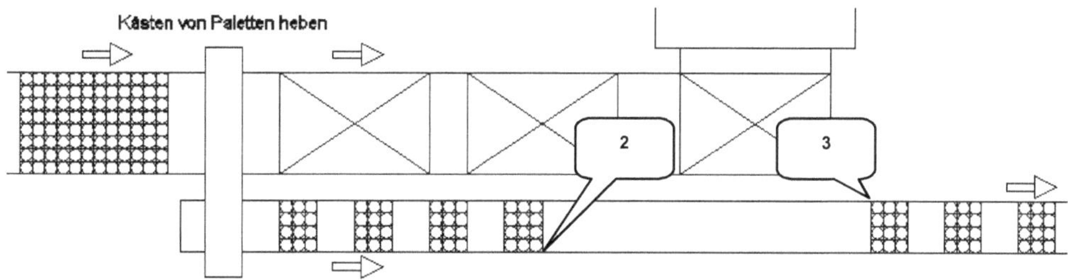

Zwischen den beiden Maschinen **Kästen von Palette heben** und **Flaschen aus Kästen heben**, soll das fehlende Kastentransportband durch ein ⬚ **Rechteck** symbolisiert werden.

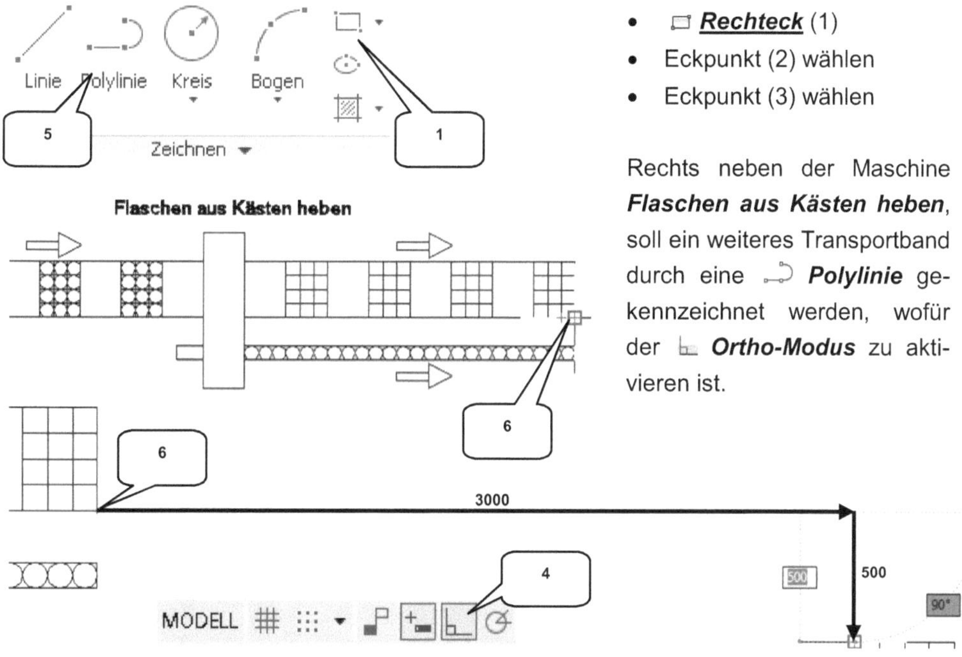

- ⬚ **Rechteck** (1)
- Eckpunkt (2) wählen
- Eckpunkt (3) wählen

Rechts neben der Maschine **Flaschen aus Kästen heben**, soll ein weiteres Transportband durch eine **Polylinie** gekennzeichnet werden, wofür der **Ortho-Modus** zu aktivieren ist.

- **Ortho-Modus** aktivieren (4)
- **Polylinie** (5)
- Startpunkt wählen (6)
- Maus waagerecht nach rechts ziehen
- Tastatureingabe: [3000]

- **Taste: ENTER**
- Maus senkrecht nach unten ziehen
- Tastatureingabe: [500]
- **Taste: ENTER**
- **Taste: ESC**

4.6.5 Bearbeiten und Versetzen der Polylinie

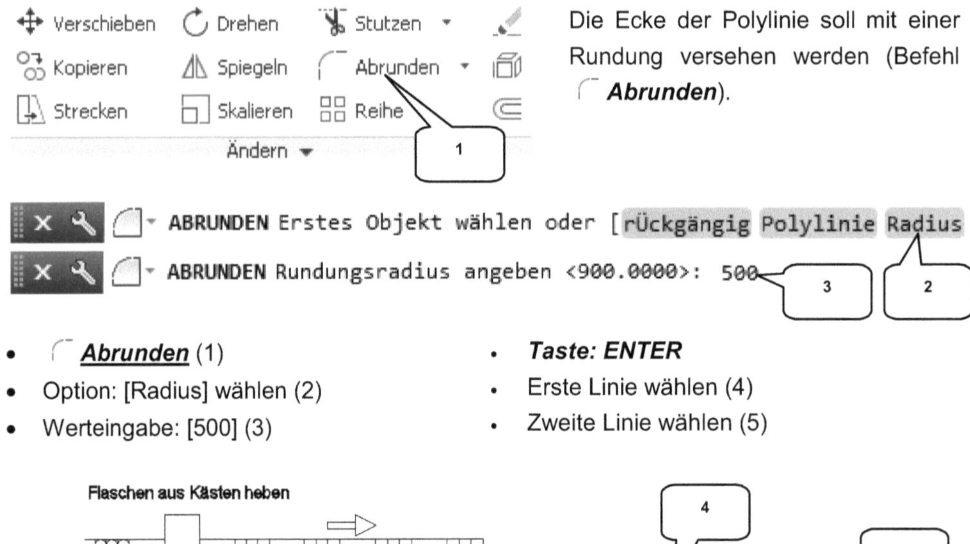

Die Ecke der Polylinie soll mit einer Rundung versehen werden (Befehl *Abrunden*).

- *Abrunden* (1)
- Option: [Radius] wählen (2)
- Werteingabe: [500] (3)

- *Taste: ENTER*
- Erste Linie wählen (4)
- Zweite Linie wählen (5)

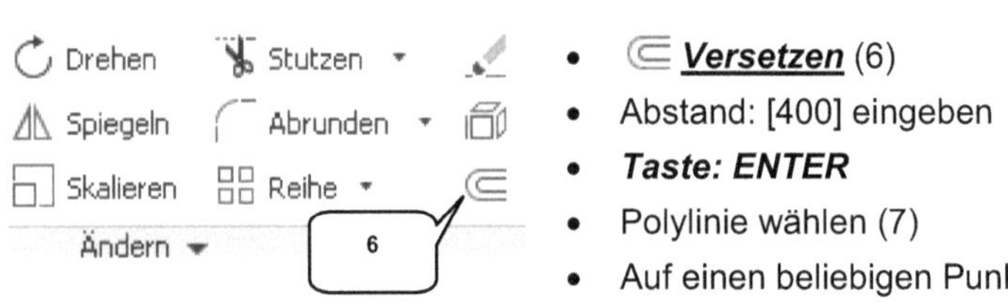

Die abgerundete Polylinie ist jetzt als Kopie in einem Abstand von 400 mm ⊏ *versetzt* anzuordnen.

- ⊏ *Versetzen* (6)
- Abstand: [400] eingeben
- *Taste: ENTER*
- Polylinie wählen (7)
- Auf einen beliebigen Punkt[15] im Bereich (8) klicken
- *Taste: ESC*

---

[15] Beim ⊏ *Versetzen* von Objekten wird mit der Position (3) nicht die Zielreferenz des neuen Objektes festgelegt, sondern lediglich die Richtung (vom Original aus gesehen). Der Abstand zwischen dem Original und der Kopie (400 mm) wurde in der vorangegangenen Befehlskette bereits definiert.

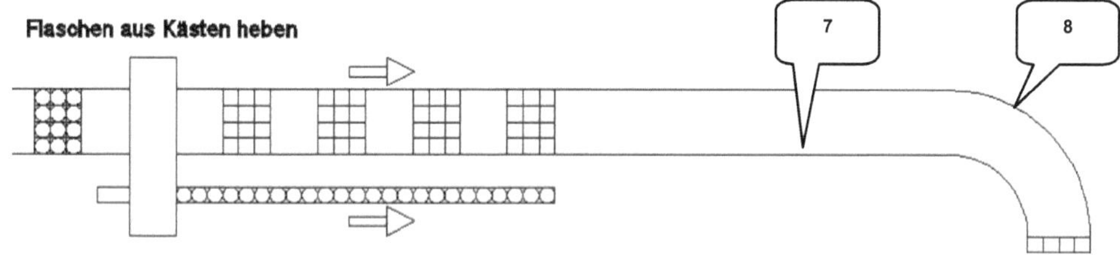

4.6.6 Kastenwaschmaschine mit Kastenspeicher verbinden

Kastenwaschmaschine und **Kastenspeicher** sind ebenfalls miteinander zu verbinden. Wiederholen Sie dafür die Befehle **Polylinie**, **Abrunden** und **Versetzen**.

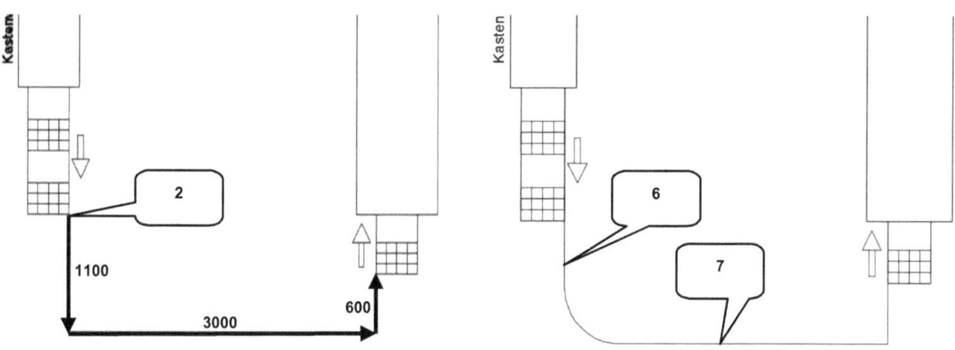

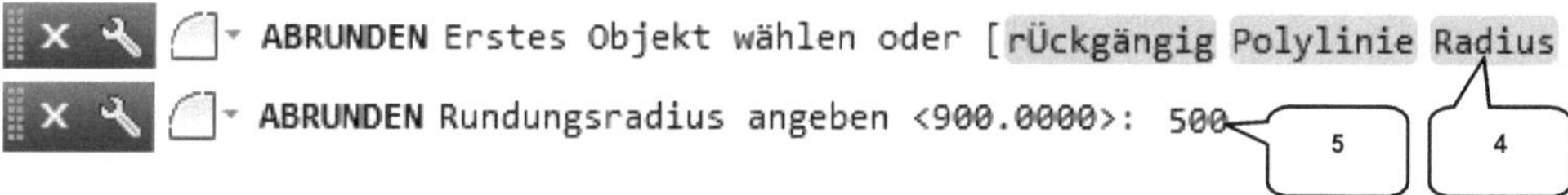

- **Polylinie** (1)
- Startpunkt wählen (2)
- Linie 1100 mm nach unten zeichnen
- Linie 3000 mm nach rechts zeichnen
- Linie 600 mm nach oben zeichnen
- **Taste: ESC**

- **Abrunden** (3)
- Option: [Radius] wählen (4)
- Werteingabe: [500] (5)
- **Taste: ENTER**
- Erste Linie wählen (6)
- Zweite Linie wählen (7)

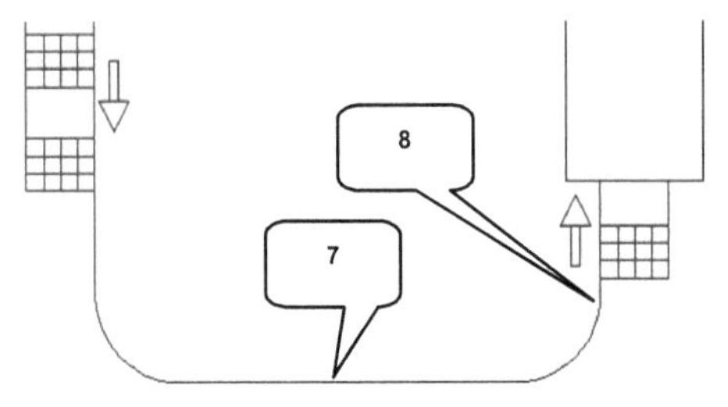

- 〔 *__Abrunden__* (3)
- Option: [Radius] wählen (4)
- Werteingabe: [500] (5)
- *Taste: ENTER*
- Zweite Linie wählen (7)
- Dritte Linie wählen (8)

- ⋶ *__Versetzen__* (9)
- Abstand: [400] eingeben
- *Taste: ENTER*
- Polylinie wählen (10)
- Auf beliebigen Punkt im Bereich (11) klicken > *Taste: ESC*

4.6.7 Kastenspeicher mit Flaschenheber verbinden

Die beiden Maschinen **Kastenspeicher** und **Flaschenheber** sind ebenfalls durch ein Transportband miteinander zu verbinden.

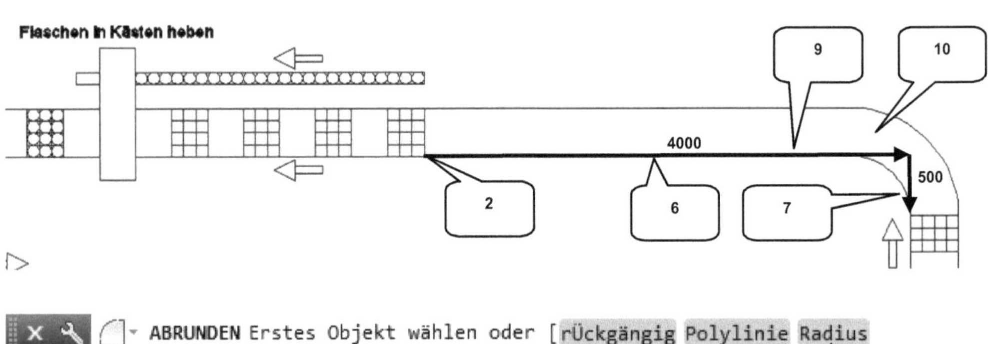

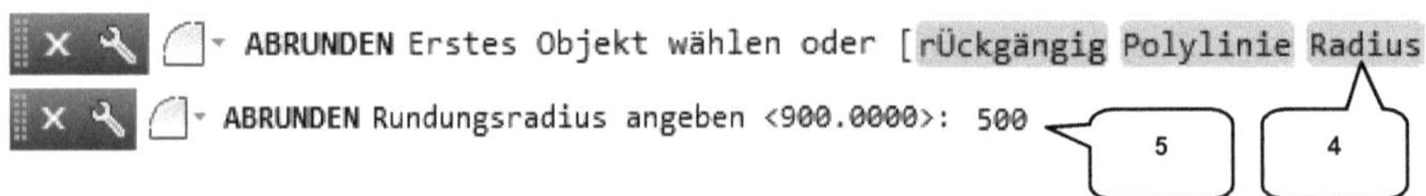

- ⟲ **_Polylinie_** (1)
- Startpunkt (2) wählen
- Linie 4000 mm nach rechts zeichnen
- Linie 500 mm nach unten zeichnen
- **_Taste: ESC_**

- ⌒ **_Abrunden_** (3)
- Option: [Radius] wählen (4)
- Werteingabe: [500] (5)
- **_Taste: ENTER_**

- Erste Linie wählen (6)
- Zweite Linie wählen (7)

- ⫘ **_Versetzen_** (8)
- Abstand: [400] eingeben
- **_Taste: ENTER_**
- Polylinie wählen (9)
- Auf beliebigen Punkt im Bereich (10) klicken
- **_Taste: ESC_**

4.6.8 Flaschenheber mit Kastenheber verbinden

Kasten- und **Flaschenheber** sollen auch miteinander verbunden werden.

- ⟲ **_Polylinie_** (1)
- Startpunkt wählen (2)
- Linie 3000 mm nach rechts zeichnen
- Linie 5000 mm nach unten zeichnen
- Linie 2050 mm nach rechts zeichnen
- **_Taste: ESC_**

- ⌒ **_Abrunden_** (3)
- Option: [Radius] wählen
- Werteingabe: [500]
- **_Taste: ENTER_**
- Erste Linie wählen (4)
- Zweite Linie wählen (5)

- ⌒ **_Abrunden_** (3)
- Option: [Radius] wählen
- Werteingabe: [500]
- **_Taste: ENTER_**
- Zweite Linie wählen (5)
- Dritte Linie wählen (6)

- ⫘ **_Versetzen_** (7)
- Abstand: [400] eingeben
- **_Taste: ENTER_**
- Polylinie wählen (8)
- Auf beliebigen Punkt im Bereich (9) klicken
- **_Taste: ESC_**

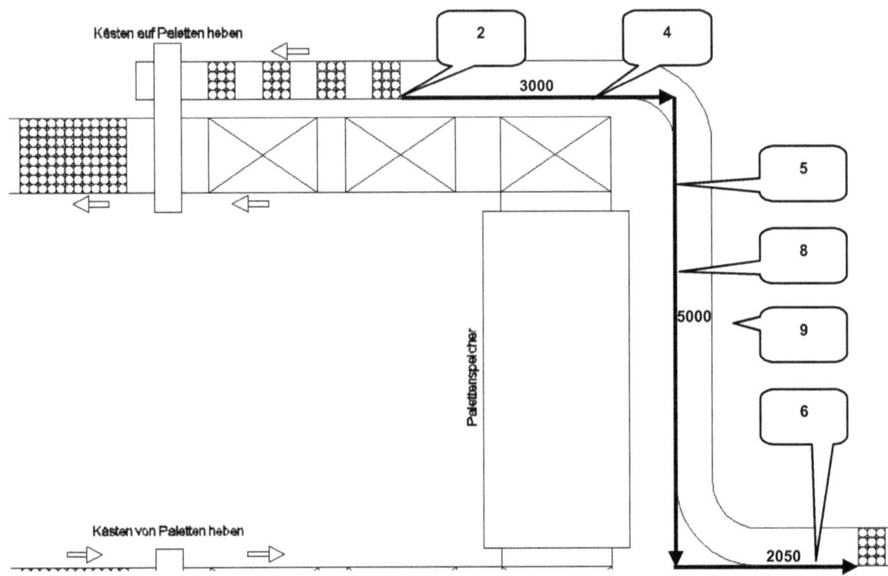

4.6.9 Berechnung des Platzbedarfes vom Produktionsbereich

Zur Ermittlung der maximalen Abmessungen der gesamten Anlage ist der Befehl ▭ **Messen** zu starten. Die Maße werden später benötigt, um die Produktionshalle planen zu können.

- ▭ ***Messen*** (1)
- Punkt (2) wählen
- Punkt (3) wählen

Das Programm stellt jetzt einige Messwerte zur Verfügung. Darin wird unter anderem die gesamte **Länge** (4) und die gesamte **Höhe** (5) des Produktionsbereiches mit ***29 x 20 m*** angegeben. Diese Grundfläche zuzüglich eines umlaufenden Sicherheitsbereiches um die gesamte Anlage von einem Meter, ergibt die benötigte Gesamtfläche von ***31 x 22 m***. Sie ist für die folgende Planung ausschlaggebend.

Beenden Sie den Befehl mit der ***Taste: ESC***, ▭ ***speichern*** Sie danach und schließen Sie die Zeichnung.

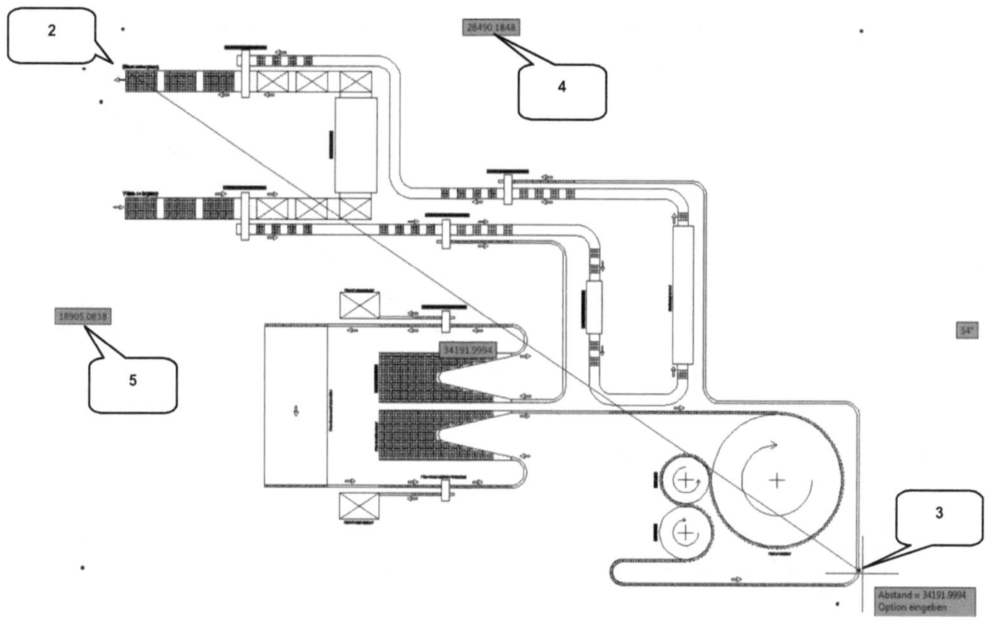

4.7 Die Produktionshalle
4.7.1 Erzeugen einer neuen Zeichnung

Starten Sie den Befehl 🗋 **Neu** und wählen Sie aus den vorhandenen Vorlagen die **acadiso.dwt** aus. 🖫 **Speichern** Sie die Zeichnung im Projektordner unter der Bezeichnung: **02_00_Fabrikhalle_mit_Außenbereich**.

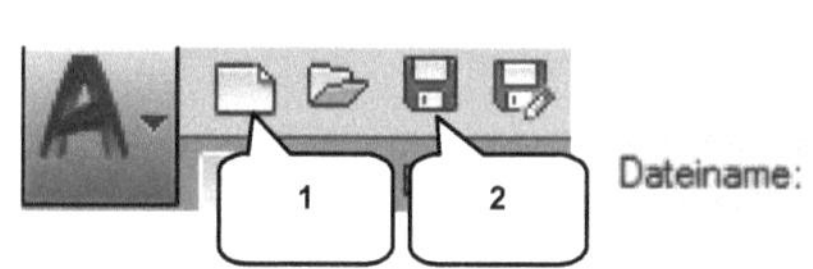

- 🗋 **Neu** (1)
- Vorlage: acadiso.dwt
- Öffnen

- 🖫 **Speichern** (2)
- Dateiname:
  [02_00_Fabrikhalle_mit_Außenbereich] (3)
- Dateityp: *.dwg
- **Speichern** (4)

4.7.2 Der neue Layer: Fabrikhalle

Starten Sie den 📑 *Layereigenschaften-Manager* und erstellen Sie einen neuen Layer *Fabrikhalle*. Er soll die folgenden Eigenschaften besitzen:

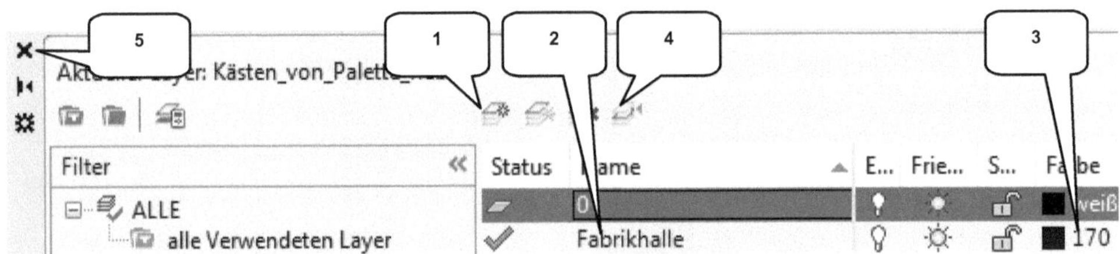

- 📑 *Layereigenschaften-Manager*
- 🐾 Neuer Layer (1)
- Name: [Fabrikhalle] (2)

- Farbe: [170] (3)
- Layer aktivieren (4)
- Fenster schließen (5)

4.7.3 Produktions- und Logistikbereiche abgrenzen

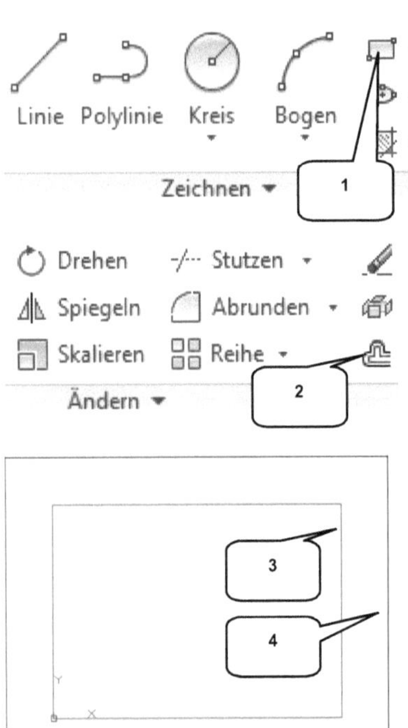

Die Produktions- und Logistikbereiche sind durch ein ▱ *Rechteck* zu symbolisieren, was anschließend mittels Befehl ⊑ *Versetzen* zu kopieren ist.

- ▱ *Rechteck* (1)
- Erster Punkt: [0] > *Taste: TAB* > [0]
- *Taste: ENTER*
- Zweiter Punkt:
  [31000] > *Taste: TAB* > [22000]
- *Taste: ENTER*

- ⊑ *Versetzen* (2)
- Abstand: [5000] eingeben
- *Taste: ENTER*
- Rechteck wählen (3)
- Auf einen beliebigen Punkt außerhalb des Rechtecks klicken (4)
- *Taste: ESC*

4.7.4 Wareneingang, Warenausgang und Sozialtrakt abgrenzen

Rechts und links neben den Produktions- und Logistikbereichen sind weitere Bereiche für den Wareneingang, den Warenausgang und den Sozialtrakt einzuplanen. Auch sie sind durch einfache ⬚ **Rechtecke** symbolisch darzustellen.

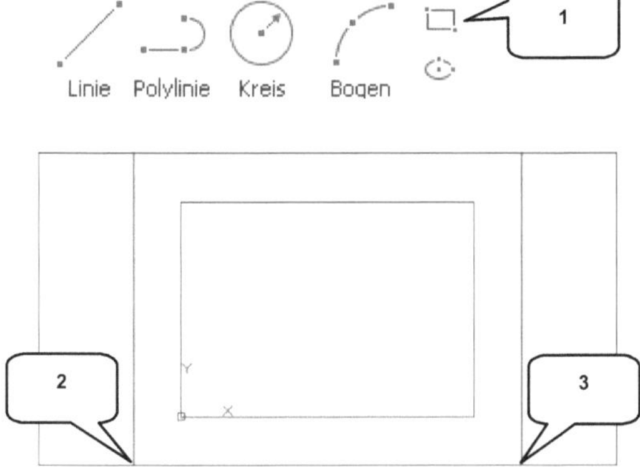

- ⬚ **_Rechteck_** (1)
- Startpunkt: Punkt (2) wählen
- Endpunkt: [-10000] > **_Taste: TAB_** > [32000] > **_Taste: ENTER_**

- ⬚ **_Rechteck_** (1)
- Startpunkt: Punkt (3) wählen
- Endpunkt: [10000] > **_Taste: TAB_** > [32000] > **_Taste: ENTER_**

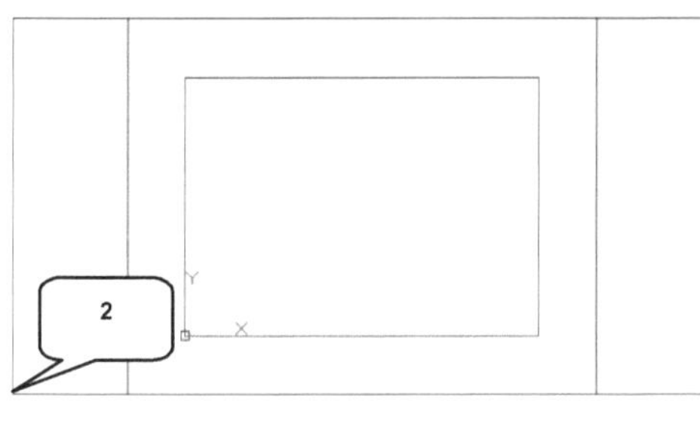

4.7.5 Die Hallenpfeiler zeichnen und rechteckig anordnen

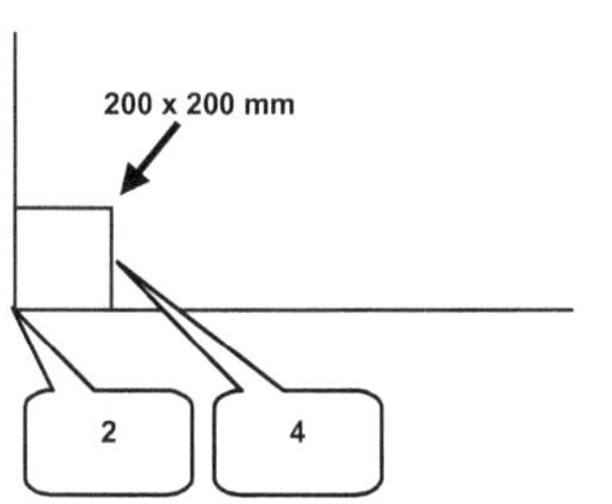

Zur Wand- und Deckenkonstruktion ist ein erster Träger (Hallenpfeiler) zu zeichnen, der ebenfalls durch ein ⬚ **Rechteck** darzustellen ist. Er kann anschließend mit dem Befehl ⊞ **Reihe** vervielfältigt werden

- ⬚ **_Rechteck_** (1)
- Erster Punkt: Eckpunkt (2) wählen
- Endpunkt: [200] > **_Taste: TAB_** > [200] > **_Taste: ENTER_**

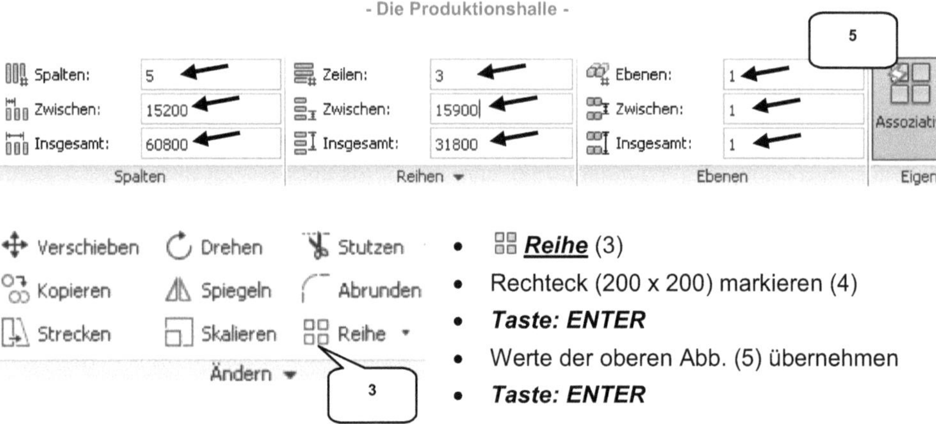

- **_Reihe_** (3)
- Rechteck (200 x 200) markieren (4)
- **_Taste: ENTER_**
- Werte der oberen Abb. (5) übernehmen
- **_Taste: ENTER_**

4.7.6   *Kennzeichnen der Hallenpfeilerstrukturen*

Die Hallenpfeiler müssen durch zusätzliche Hilfslinien gekennzeichnet werden, wobei die jeweiligen Rechtecke paarweise in horizontaler und vertikaler Richtung miteinander zu verbinden sind. Die Linien sind diesmal als gestrichelte Linie zu zeichnen.

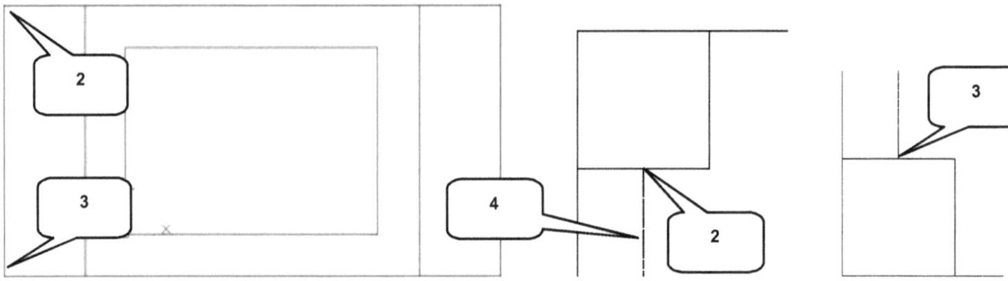

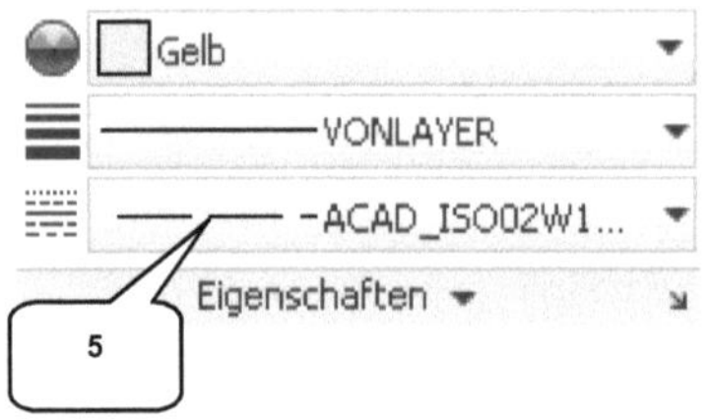

- / **_Linie_** (1)
- Linienmittelpunkt (2) wählen
- Linienmittelpunkt (3) wählen
- **_Taste: ESC_**
- Linie markieren (4)
- **_Linientyp_** (5)
- Option: Sonstige
- Laden... Laden
- ISO Strichlinie _ _ _ _ _ _ _
- OK
- ISO Strichlinie _ _ _ _ _ _ _
- OK

Im nächsten Schritt sind auch alle anderen Hallenpfeilerpaare (in vertikaler und in horizontaler Richtung) durch Linien zu verbinden (Linientyp *ISO Strichlinie*).

4.7.7 Zeichnen der Wände

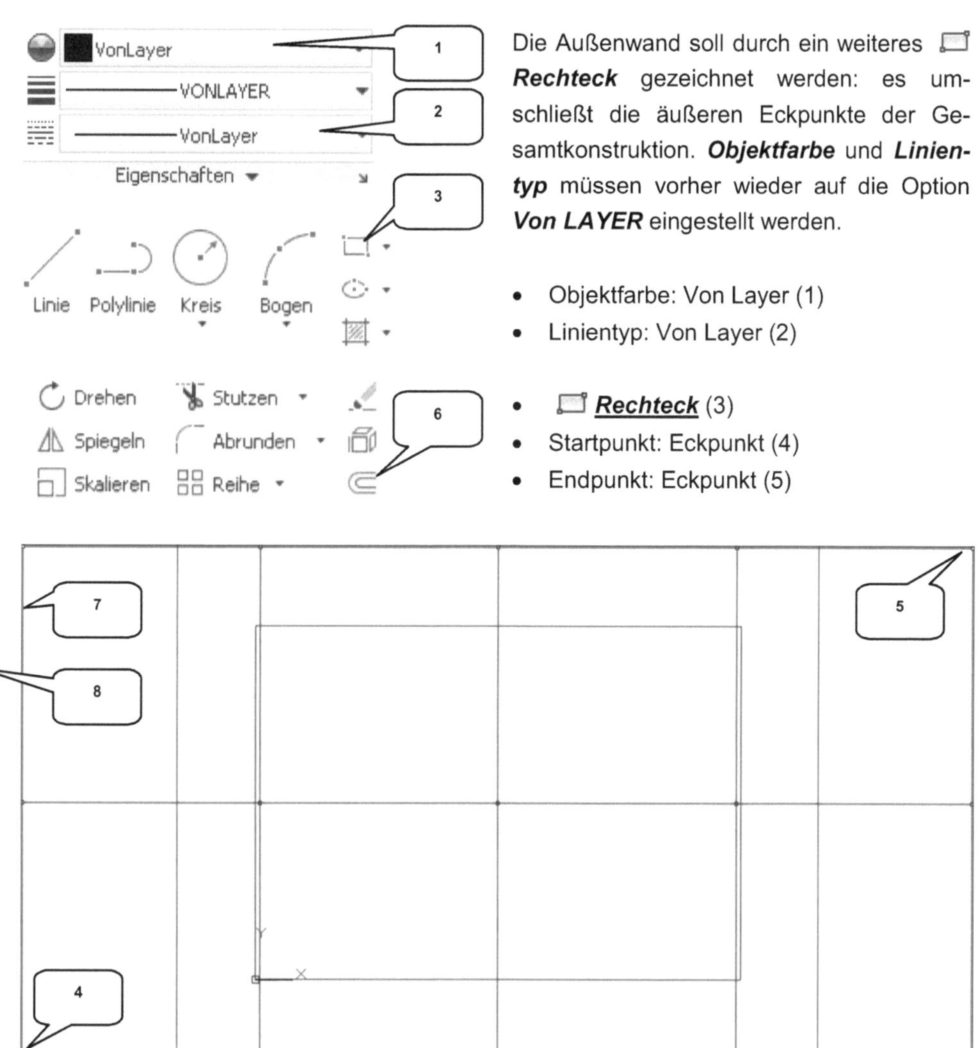

Die Außenwand soll durch ein weiteres ⬚ *Rechteck* gezeichnet werden: es umschließt die äußeren Eckpunkte der Gesamtkonstruktion. *Objektfarbe* und *Linientyp* müssen vorher wieder auf die Option *Von LAYER* eingestellt werden.

- Objektfarbe: Von Layer (1)
- Linientyp: Von Layer (2)

- ⬚ *Rechteck* (3)
- Startpunkt: Eckpunkt (4)
- Endpunkt: Eckpunkt (5)

Das zuletzt gezeichnete Rechteck ist noch um 100 mm nach außen zu ⊆ *versetzen*, um danach weitere ⬚ *Rechtecke* für den Sozialtrakt zeichnen zu können.

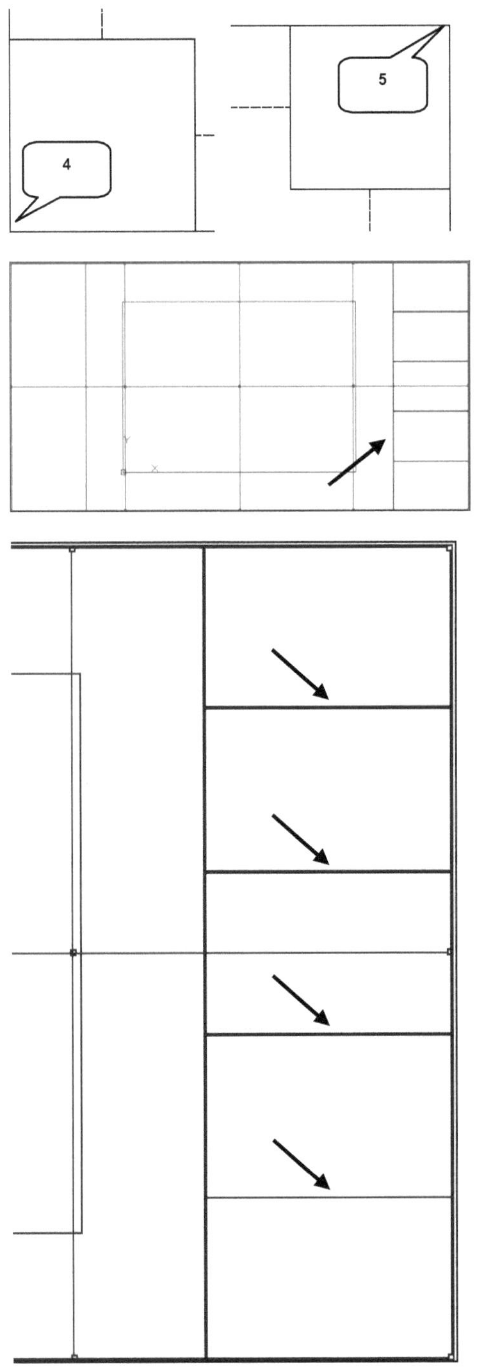

- ⊑ *Versetzen* (6)
- Abstand: [100] eingeben
- *Taste: ENTER*
- Neues Rechteck wählen (7)
- Auf beliebigen Punkt außerhalb der gezeichneten Kontur klicken (8)
- *Taste: ESC*

- ▭ *Rechteck* (3)
- Erster Punkt: [36000] > Tab > [-5000]
- *Taste: ENTER*
- Zweiter Punkt: [50] > *Taste: TAB* > [32000] > *Taste: ENTER*

- ▭ *Rechteck* (3)
- Erster Punkt: [36050] > *Taste: TAB* > [1360] >*Taste: ENTER*
- Zweiter Punkt: [9950] > *Taste: TAB* > [50] > *Taste: ENTER*

- ▭ *Rechteck* (3)
- Erster Punkt: [36050] > *Taste: TAB* > [7770] > *Taste: ENTER*
- Zweiter Punkt: [9950] > *Taste: TAB* > [50] > *Taste: ENTER*

-
- ▭ *Rechteck* (3)
- Erster Punkt: [36050] > *Taste: TAB* > [14180] > *Taste: ENTER*
- Zweiter Punkt: [9950] > *Taste: TAB* > [50] > *Taste: ENTER*

- ▭ *Rechteck* (3)
- Erster Punkt: [36050] > *Taste: TAB* > [20590] > *Taste: ENTER*
- Zweiter Punkt: [9950] > *Taste: TAB* > [50] >*Taste: ENTER*

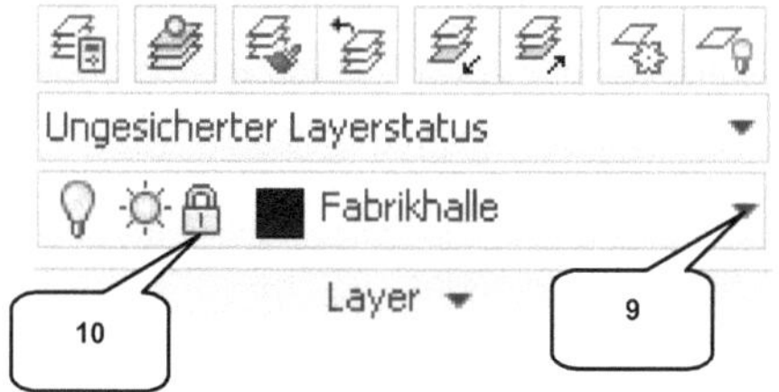

Der Layer **Fabrikhalle** ist zu sperren. Er soll bei den folgenden Arbeiten an der Zeichnung nicht unbeabsichtigt verändert werden. Erweitern Sie dafür die Befehlsgruppe **Layer** (9) und klicken Sie in der Zeile **Fabrikhalle** auf das **Schlosssymbol** (10).

4.7.8 Der neue Layer: Regalsysteme

Starten Sie den 📑 **Layereigenschaften-Manager** und erstellen Sie den neuen Layer **Regalsysteme**. Er soll die folgenden Eigenschaften besitzen:

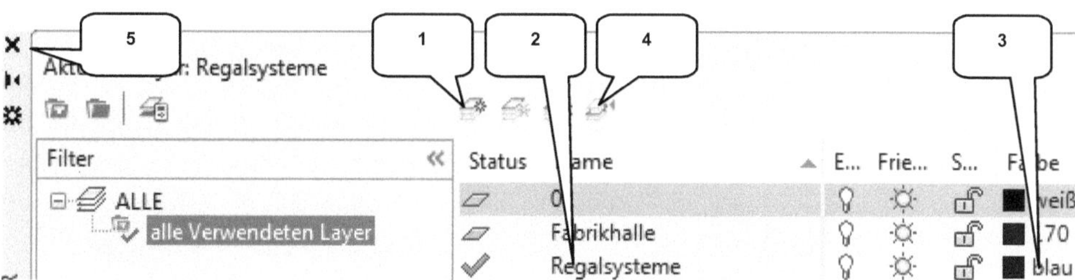

- 📑 **Layereigenschaften-Manager**
- 📝 Neuer Layer (1)
- Name: [Regalsysteme] (2)

- Farbe: [Blau] (3)
- Layer aktivieren (4)
- Fenster schließen (5)

4.7.9 Zeichnen der Regale mit einer Polylinie

Im folgenden Kapitel sollen parametrische Abhängigkeiten verwendet werden, wofür vorab eine möglichst schräge Kontur mit einer ⌐⊃ **Polylinie** (außerhalb der vorhandenen Objekte) zu zeichnen ist.

- ⌐⊃ **Polylinie** (1)
- Ersten Punkt frei ablegen (2)
- Zweiten Punkt frei ablegen (3)
- Dritten Punkt frei ablegen (4)
- Vierten Punkt frei ablegen (5)
- Tastatureingabe: [S]
- **Taste: ENTER**

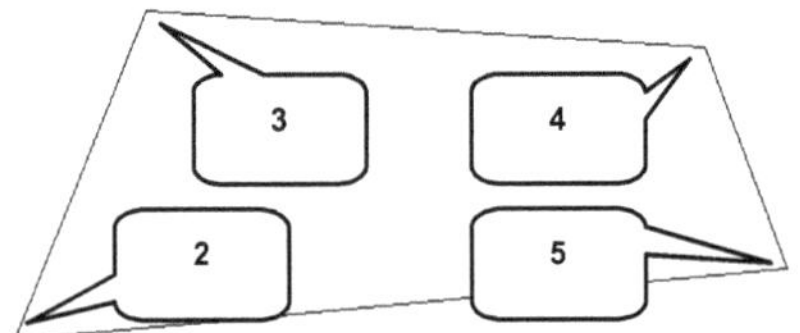

Wichtig ist, dass die Kontur mit der Tastatureingabe *[S]* geschlossen wurde und die Linien schräg gezeichnet wurden. Die genaue Position der Kontur im Zeichenbereich ist vorerst nicht relevant.

4.7.10 Setzen geometrischer Formabhängigkeiten

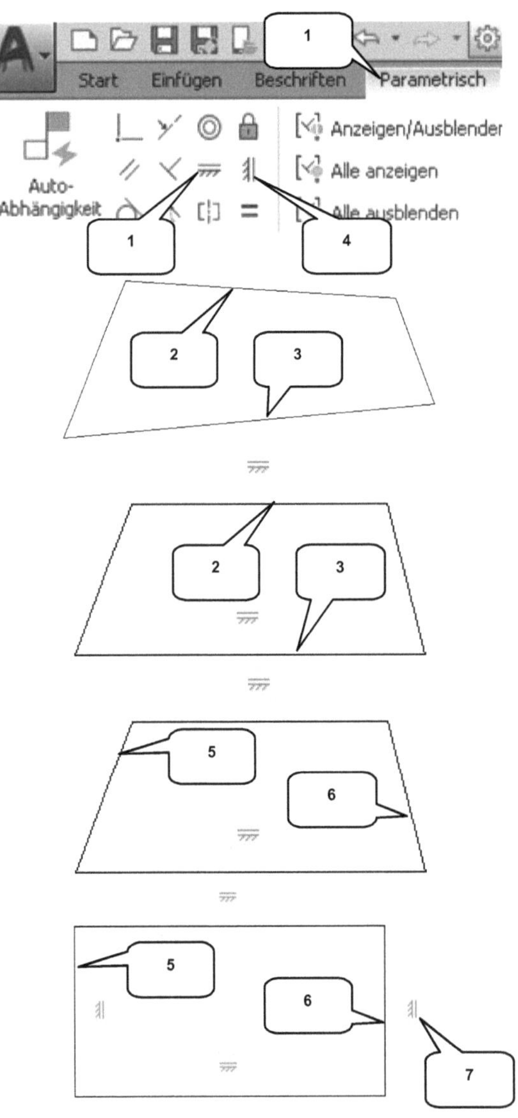

Mithilfe geometrischer Abhängigkeiten soll die schräge Kontur jetzt in Form gebracht werden, wofür das Register *Parametrisch* (1) zu öffnen ist.

Mit der Abhängigkeit *Horizontal* sind die Linien (2) und (3) parallel zur X-Achse anzuordnen. Die Abhängigkeit *Vertikal* soll die Linien (5) und (6) parallel zur Y-Achse ausrichten.

- *Horizontal* (1)
- Markierte Linie (2) wählen

- *Horizontal* (1)
- Markierte Linie (3) wählen

- *Vertikal* (4)
- Markierte Linie (5) wählen

- *Vertikal* (4)
- Markierte Linie (6) wählen

Die vier zuletzt erzeugten horizontalen und vertikalen Abhängigkeiten werden durch die entsprechenden Symbole (7) dieser Abhängigkeiten gekennzeichnet.

4.7.11 Setzen parametrischer Bemaßungsabhängigkeiten

Mit ⬚ *horizontalen* und ⬚ *vertikalen* (parametrischen) Bemaßungen soll das Rechteck jetzt auf die Bearbeitung im Parameter-Manager vorbereitet werden.

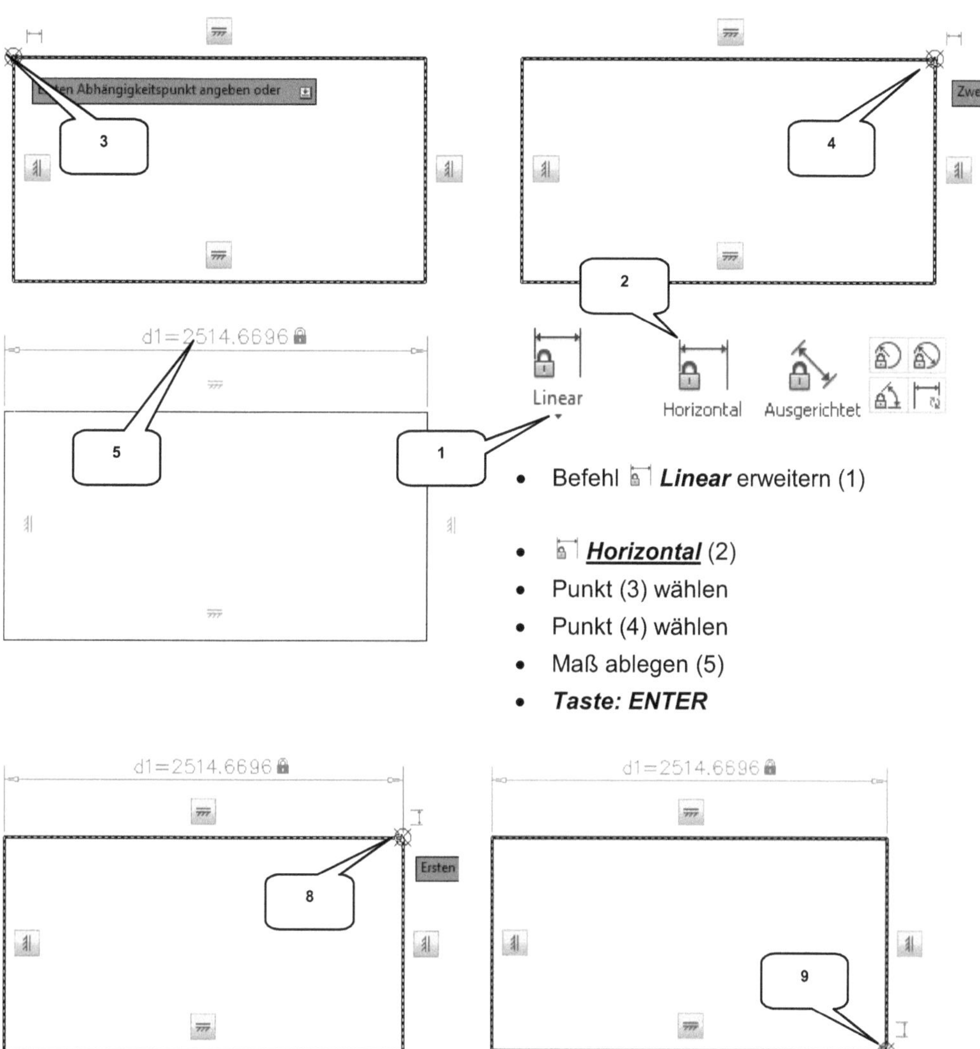

- Befehl ⬚ *Linear* erweitern (1)

- ⬚ *Horizontal* (2)
- Punkt (3) wählen
- Punkt (4) wählen
- Maß ablegen (5)
- *Taste: ENTER*

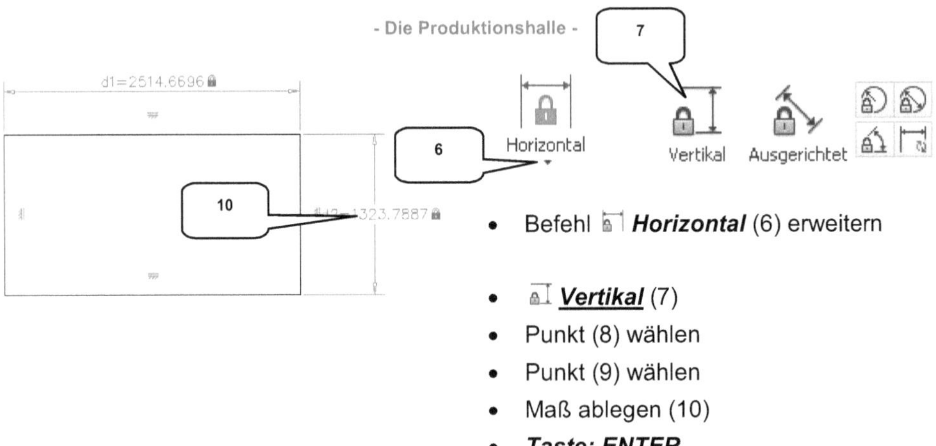

- Befehl ▣ *Horizontal* (6) erweitern

- ▣ *__Vertikal__* (7)
- Punkt (8) wählen
- Punkt (9) wählen
- Maß ablegen (10)
- *Taste: ENTER*

Mit dem Befehl ▣ *Kopieren* im Register *Start* soll das Rechteck einmal kopiert und die Kopie rechts neben dem Original abgelegt werden. Die genaue Position ist dabei vorerst nicht relevant.

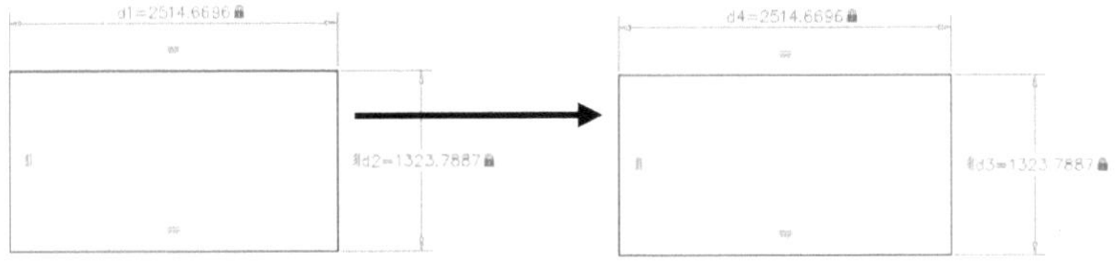

4.7.12   Bearbeiten der Maße mit dem Parameter-Manager

Die parametrischen Bemaßungen der beiden Rechtecke sollen jetzt voneinander abhängig gemacht und durch Gleichungssysteme miteinander verbunden werden. Im fx *Parameter-Manager* sind dafür die vorhandenen Werte der Spalten *Name* und *Ausdruck* zu bearbeiten[16].

- fx *Parameter-Manager* (1)
- Die Änderungen der Spalte *Name* aus der folgenden Abbildung übernehmen:

---

[16] Dabei muss auf die Reihenfolge geachtet werden: zuerst ist die Spalte *Name* vollständig zu überarbeiten, dann erst die Spalte *Ausdruck*.

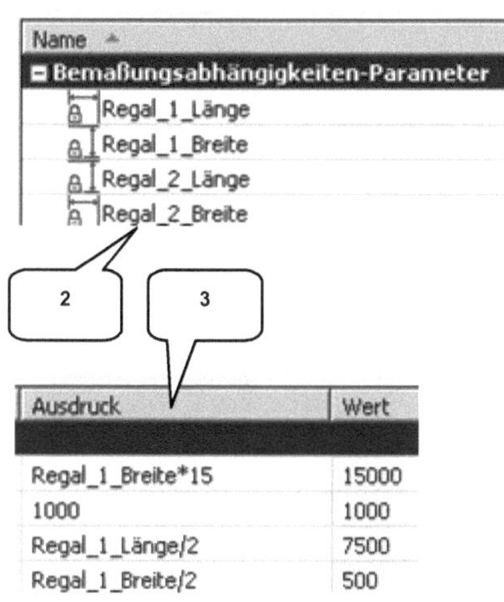

Änderungen in der Spalte **Name** (2):

* [Regal_1_Länge]
* [Regal_1_Breite]
* [Regal_2_Länge]
* [Regal_2_Breite]

Änderungen in der Spalte **Ausdruck** (3):

* [Regal_1_Breite * 15]
* [1000]
* [Regal_1_Länge / 2]
* [Regal_1_Breite / 2]

Wurden alle Eingaben übernommen, können die geometrischen Abmessungen beider Rechtecke allein über den Parameter **Regal_1_Breite** (4) gesteuert werden. Weitere Änderungen sind vorerst nicht nötig. Der Parameter-Manager kann anschließend **X** **geschlossen** und alle **geometrischen Abhängigkeiten** (5) sowie **Bemaßungsabhängigkeiten** (6) ausgeblendet werden.

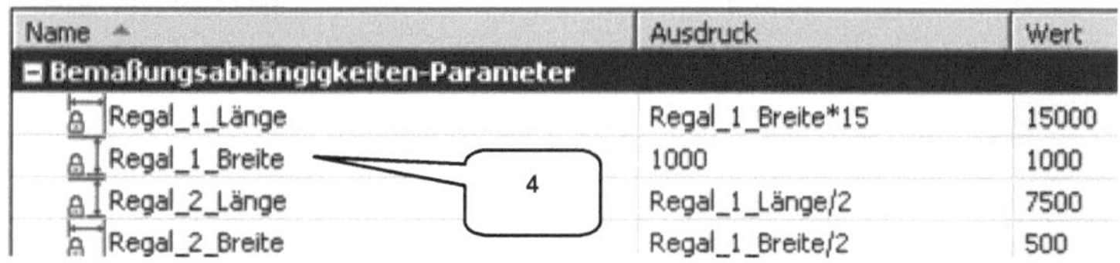

Name ▲	Ausdruck	Wert
■ Bemaßungsabhängigkeiten-Parameter		
Regal_1_Länge	Regal_1_Breite*15	15000
Regal_1_Breite	1000	1000
Regal_2_Länge	Regal_1_Länge/2	7500
Regal_2_Breite	Regal_1_Breite/2	500

4.7.13 Regale positionieren und anordnen

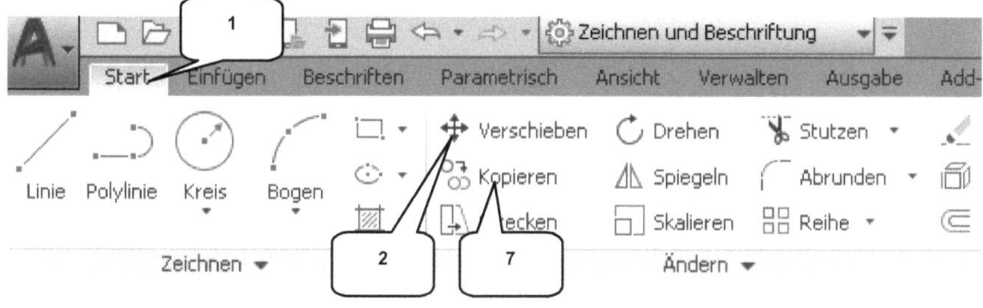

Im Register **Start** ist der Befehl **Verschieben** zu starten, um das erste Rechteck zu positionieren.

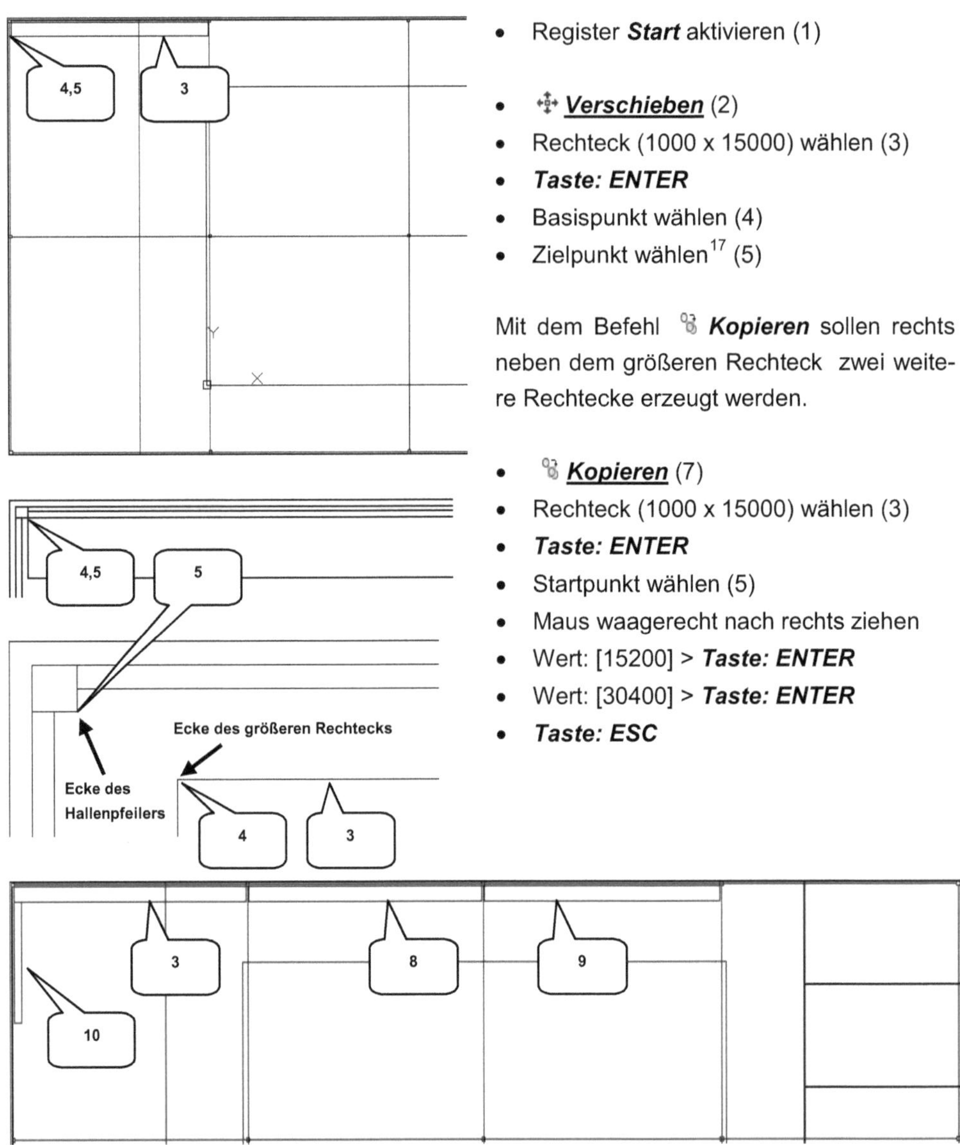

- Register *Start* aktivieren (1)

- ✥ **_Verschieben_** (2)
- Rechteck (1000 x 15000) wählen (3)
- **_Taste: ENTER_**
- Basispunkt wählen (4)
- Zielpunkt wählen[17] (5)

Mit dem Befehl ⁰₈ **_Kopieren_** sollen rechts neben dem größeren Rechteck zwei weitere Rechtecke erzeugt werden.

- ⁰₈ **_Kopieren_** (7)
- Rechteck (1000 x 15000) wählen (3)
- **_Taste: ENTER_**
- Startpunkt wählen (5)
- Maus waagerecht nach rechts ziehen
- Wert: [15200] > **_Taste: ENTER_**
- Wert: [30400] > **_Taste: ENTER_**
- **_Taste: ESC_**

Die beiden neuen Rechtecke sollten wie in der oberen Abbildung dargestellt angeordnet worden sein (8, 9). Das Rechteck (10) kann jetzt am Rechteck (3) befestigt werden.

---

[17] Sollte das Rechteck anders als dargestellt liegen, muss es eventuell um 90 Grad ○ *gedreht* (6) werden, wobei die Option *Abhängigkeit abschwächen* zu verwenden ist.

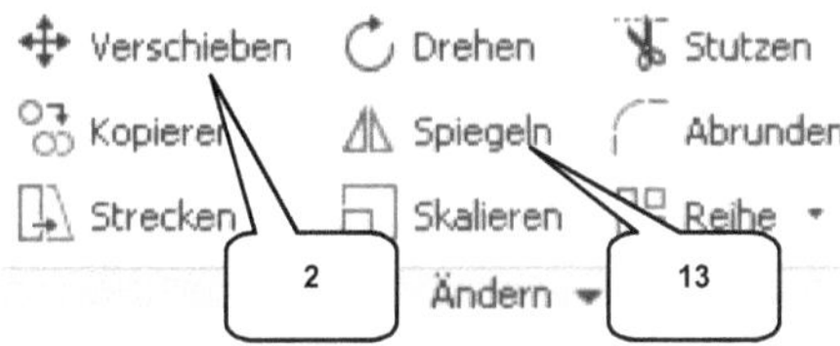

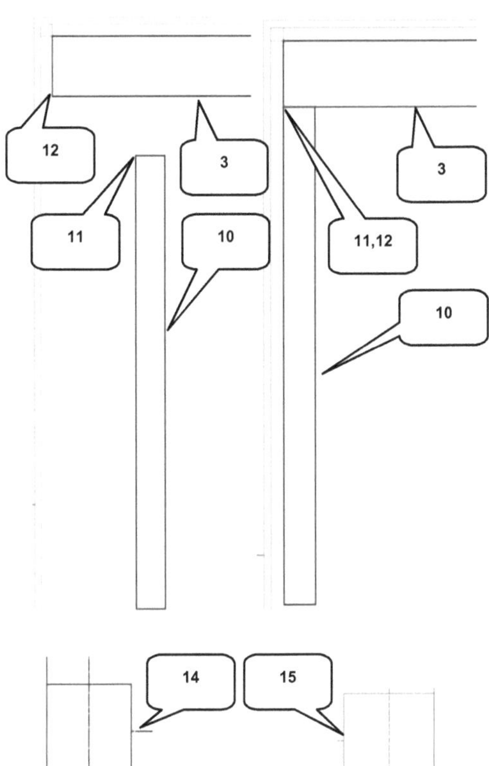

- ⊹ **_Verschieben_** (2)
- Rechteck (500 x 7500) wählen (10)
- **_Taste: ENTER_**
- Basispunkt wählen (11)
- Zielpunkt wählen (12)

Mit dem Befehl ⚠ **_Spiegeln_** sollen die vier zuletzt erzeugten Rechtecke ebenfalls auf die untere Hallenseite kopiert werden.

- ⚠ **_Spiegeln_** (13)
- Nacheinander die Rechtecke (3, 8, 9 und 10) wählen
- **_Taste: ENTER_**
- Markierten Punkt wählen (14)
- Markierten Punkt wählen (15)[18]
- Quellobjekt löschen? [N]
- **_Taste: ENTER_**

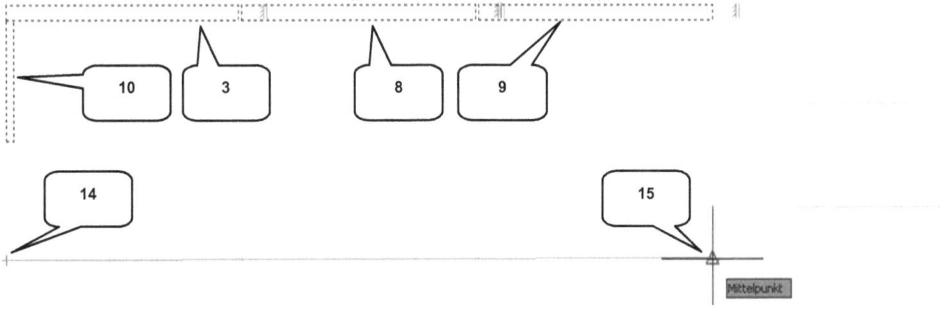

---

[18] Die Spiegelachse zwischen den Punkten (14) und (15) ist die horizontale Verbindungslinie der beiden mittleren Hallenpfeiler.

4.8 Der Außenbereich
4.8.1 Der neue Layer: Außenbereich

Im 🗐 *Layereigenschaften-Manager* ist der neue Layer **Außenbereich** zu erstellen.

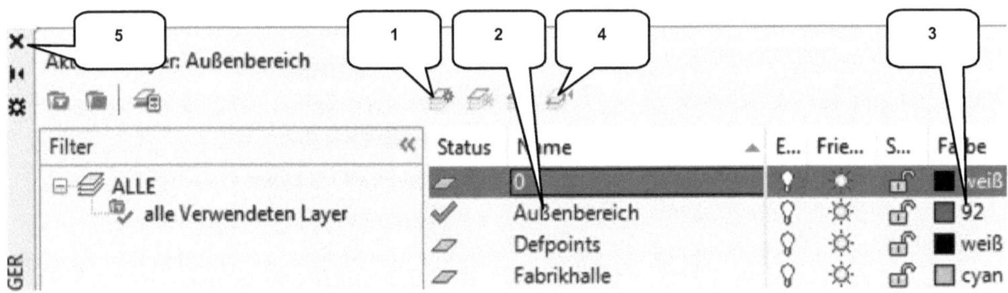

- 🗐 **_Layereigenschaften-Manager_**
- 📝 Neuer Layer (1)
- Name: [Außenbereich] (2)

- Farbe: [92] (3)
- Layer aktivieren (4)
- Fenster schließen (5)

4.8.2 Der LKW-Anlieferbereich

Der Bereich für alle Waren die mit dem LKW angeliefert werden soll mit einer ⌐⊃ **Polylinie** gezeichnet werden.

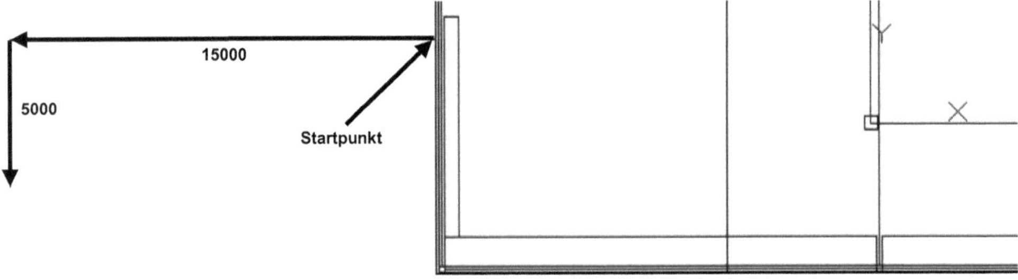

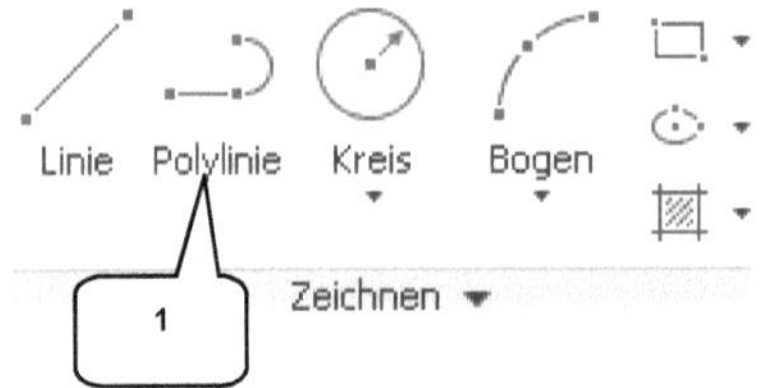

- ⌐⊃ **_Polylinie_** (1)
- Startpunkt: [-15100] > **Taste: TAB** > [2950] > **Taste: ENTER**
- Linie 15000 mm nach links zeichnen
- Linie 5000 mm nach unten zeichnen
- **Taste: ESC**

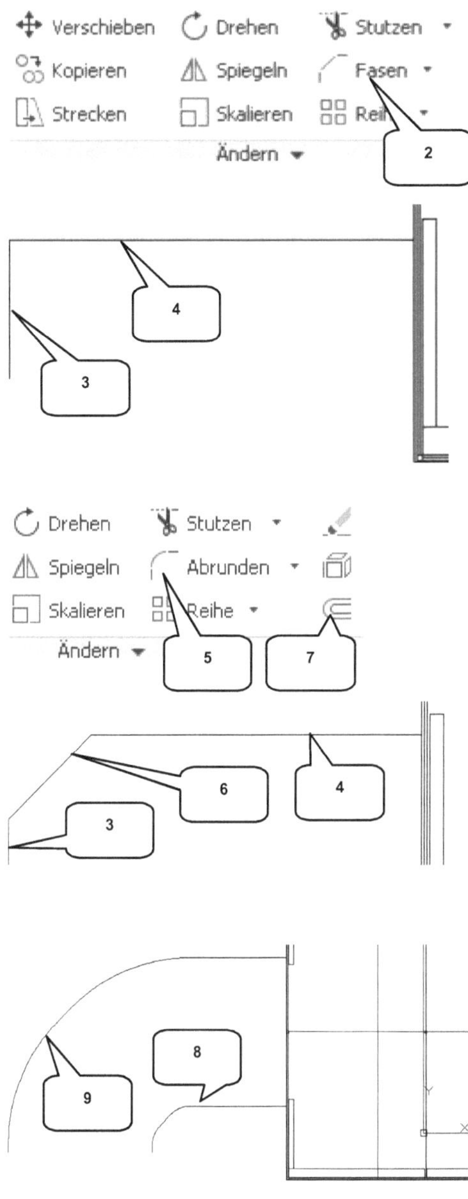

Die Ecke der Polylinie ist mit einer **Fase** zu versehen (der Befehl befindet sich im Auswahlmenü des Befehls **Abrunden**).

- Befehl **Abrunden** erweitern
- **Fasen** (2)
- Option: [Abstand] > **Taste: ENTER**
- Abstand 1: [3000] eingeben
- **Taste: ENTER**
- Abstand 2: [3000] eingeben
- **Taste: ENTER**
- Erstes Liniensegment wählen (3)
- Zweites Liniensegment wählen (4)

Die beiden neu entstandenen Ecken sind jetzt zu **runden** und die Polylinie ist dann zu **versetzen**.

- Befehl **Fasen** erweitern
- **Abrunden** (5)
- Option: [Radius] > **Taste: ENTER**
- [2000] > **Taste: ENTER**
- Option: [Mehrere] > **Taste: ENTER**
- Erstes Liniensegment wählen (3)
- Zweites Liniensegment wählen (6)
- Zweites Liniensegment wählen (6)
- Drittes Liniensegment wählen (4)
- **Taste: ESC**

- **Versetzen** (7)
- Abstand: [16100]
- **Taste: ENTER**
- Zu versetzendes Objekt wählen (8)
- Auf beliebigen Punkt im Bereich (9) klicken
- **Taste: ESC**

4.8.3   Die PKW-Parkplätze

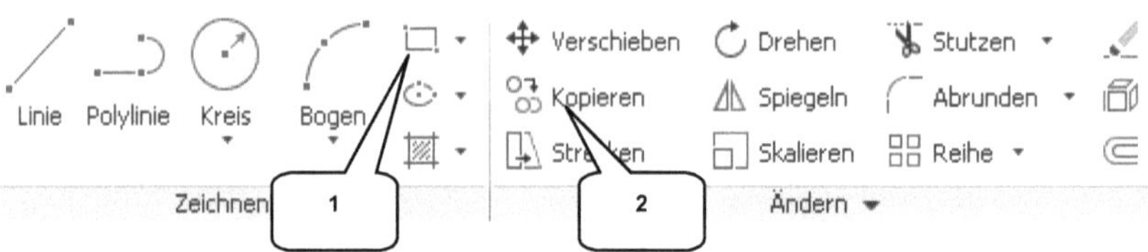

Weitere Parkplätze, z. B . für Besucher-PKWs, sollen rechts neben der Fabrikhalle entstehen. Zeichnen Sie dafür ein ⬜ *Rechteck* und °⬡ *kopieren* Sie es einmal.

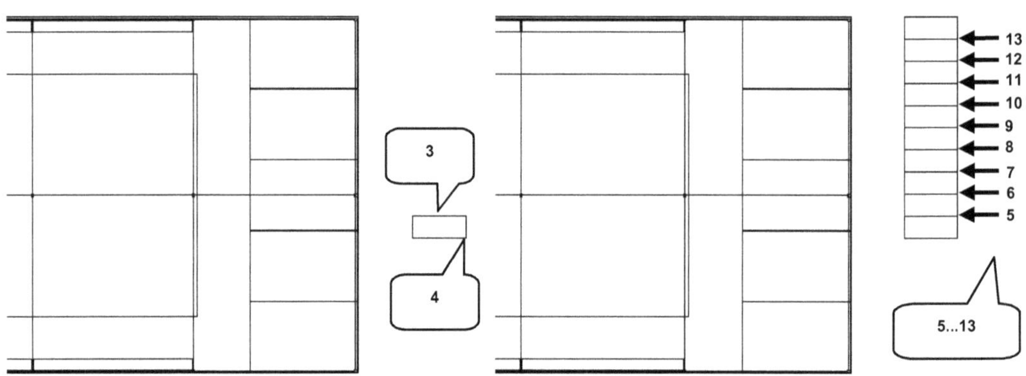

- ⬜ *Rechteck* (1)
- Erster Punkt: [51100] >
  Taste: TAB > [7100]
- *Taste: ENTER*
- Zweiter Punkt: [5000] >
  Taste: TAB > [2000]
- *Taste: ENTER*

- °⬡ *Kopieren* (2)
- Rechteck wählen (3)
- *Taste: ENTER*
- Basispunkt wählen (4)
- Nacheinander die Zielpunkte
  (5) bis (13) anklicken
- *Taste: ESC*

Zwei ⤵ *Polylinien* stellen die Abgrenzung des Parkbereichs dar. Sie sind zu zeichnen und anschließend abzurunden.

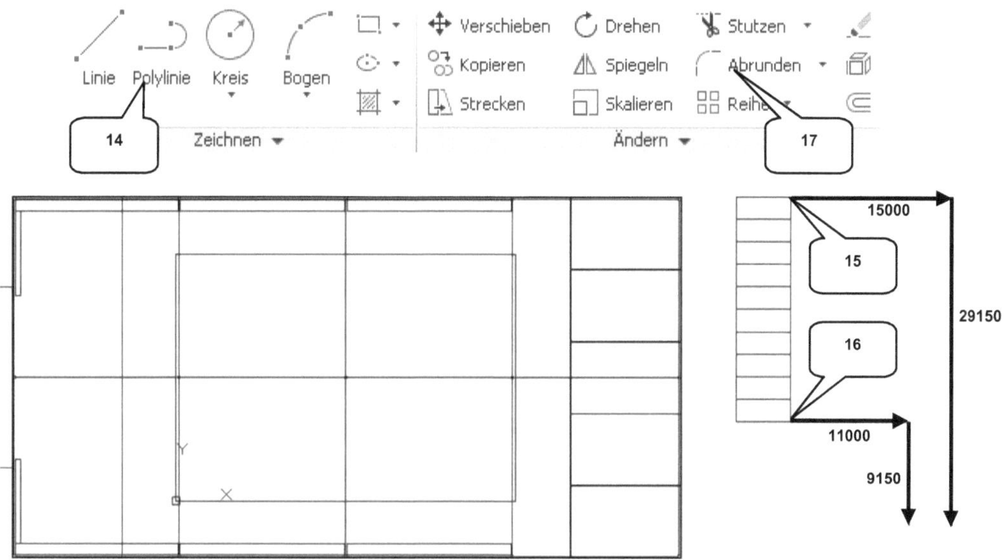

- ⌐Ɔ ***Polylinie*** (14)
- Startpunkt: Punkt (15) wählen
- ***Taste: ENTER***
- Linie 15000 mm nach rechts zeichnen
- Linie 29150 mm nach unten zeichnen
- ***Taste: ESC***

- ⌐Ɔ ***Polylinie*** (14)
- Startpunkt: Punkt (16) wählen
- ***Taste: ENTER***
- Linie 11000 mm nach rechts zeichnen
- Linie 9150 mm nach unten zeichnen
- ***Taste: ESC***

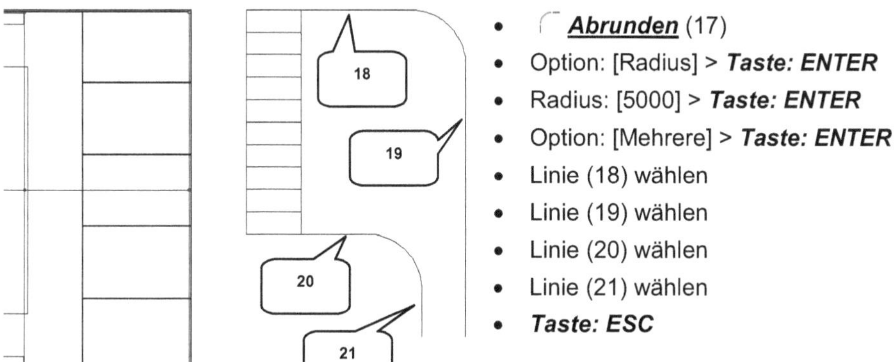

- ⌐ ***Abrunden*** (17)
- Option: [Radius] > ***Taste: ENTER***
- Radius: [5000] > ***Taste: ENTER***
- Option: [Mehrere] > ***Taste: ENTER***
- Linie (18) wählen
- Linie (19) wählen
- Linie (20) wählen
- Linie (21) wählen
- ***Taste: ESC***

Einige der Linien müssen jetzt aus den Rechtecken ⫶ ***gestutzt*** werden.

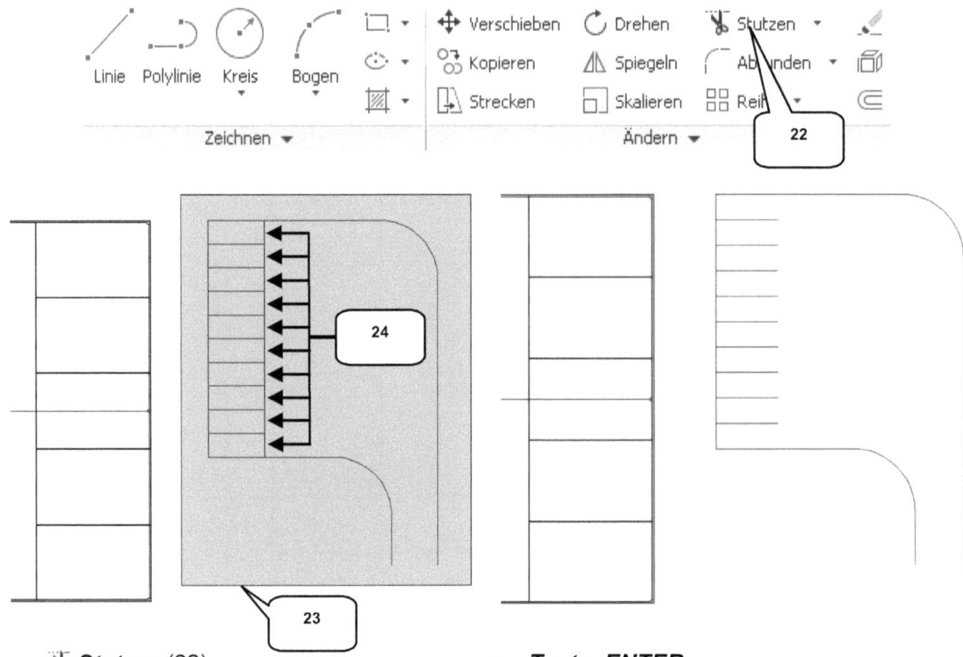

- ✂ ***Stutzen*** (22)
- Bei gedrückter linker Maustaste einen Rahmen[19] über den gesamten PKW-Parkbereich aufziehen um alle Linien zu markieren (23)

- ***Taste: ENTER***
- Nacheinander die 10 markierten Linien anklicken (24)
- ***Taste: ESC***

4.8.4 Die Hauptstraße

Eine ***Straße*** soll auf dem Fabrikgelände den LKW-Anlieferbereich und den PKW-Parkplatz miteinander verbinden. Zeichnen Sie hierfür ein ▭ ***Rechteck*** anhand der Positionskoordinaten.

---

[19] Der Befehl ✂ ***Stutzen*** erfordert vor der Auswahl der zu stutzenden Linien eine Markierung <u>aller</u>, am Schnitt beteiligten Linien. Hierbei kann entweder jede Linie einzeln markiert werden, oder es kann bei gedrückter linker Maustaste ein Rahmen über den gesamten Bereich aufgezogen werden, um alle Linien zu markieren. Alternativ funktioniert hier auch das Markieren <u>aller</u> Objekte der Zeichnung, mit der Kombination der ***Tasten: STRG*** und ***A***.

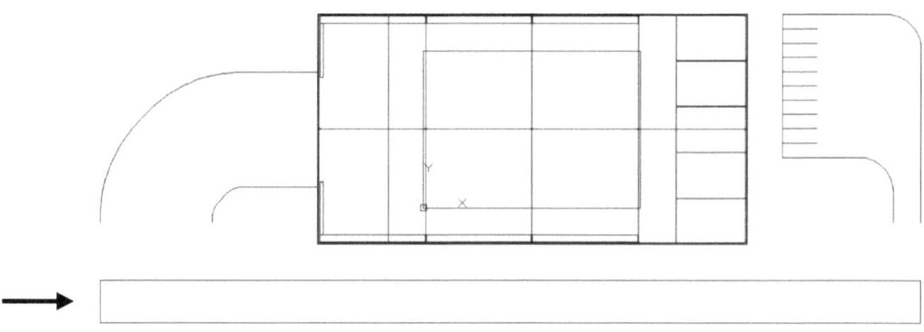

- **_Rechteck_** (1)
- Erster Punkt: [-46200]
- **_Taste: TAB_** > [-16100]
- **_Taste: ENTER_**

- Zweiter Punkt: [117300]
- **_Taste: TAB_** > [6000]
- **_Taste: ENTER_**

4.8.5   LKW- und PKW-Bereiche mit der Hauptstraße verbinden

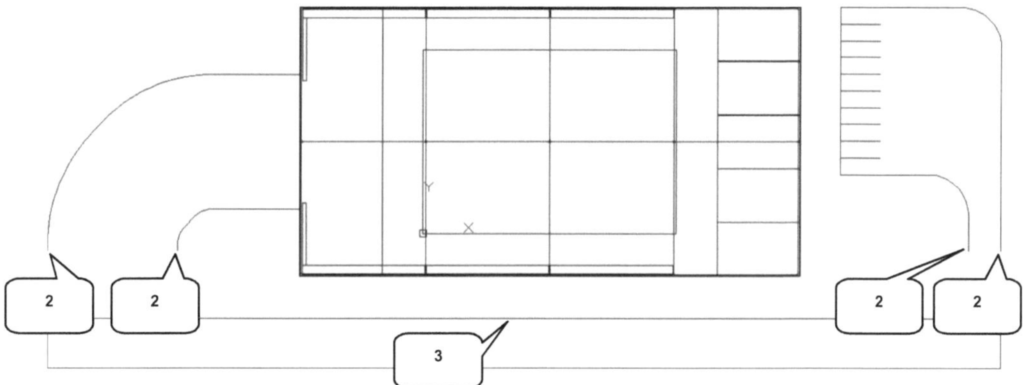

Zur Verlängerung der Liniensegmente des LKW-Anlieferbereiches bis hin zum PKW-Parkplatz, kann der Befehl ⇥| **_Verlängern_** verwendet werden. Er befindet sich im Auswahlmenü des Befehls ✂ **_Stutzen_**.

- Befehl ✂ *Stutzen* erweitern
- ⇥ *__Verlängern__* (1)
- Die vier Polylinien (2) und das Rechteck (3) markieren[20]
- *Taste: ENTER*

- Nacheinander die unteren Linienenden der vier Polylinien (2) wählen
- *Taste: ESC*

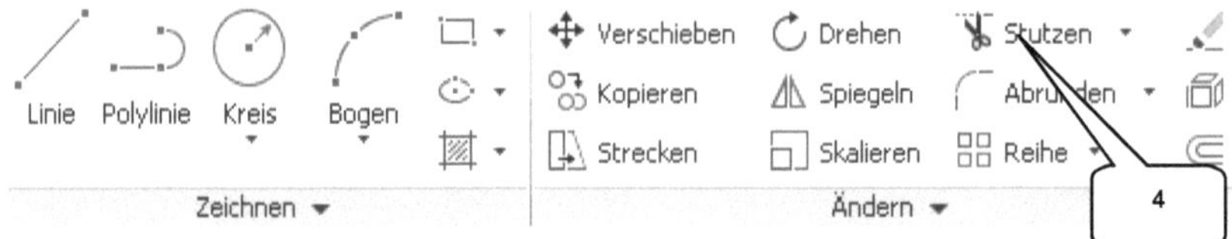

- Befehl ⇥ *Verlängern* erweitern
- ✂ *__Stutzen__* (4)
- Vier Polylinien (2) und das Rechteck (3) markieren
- *Taste: ENTER*

- Nacheinander die beiden zu stutzenden Liniensegmente (5) wählen
- *Taste: ESC*

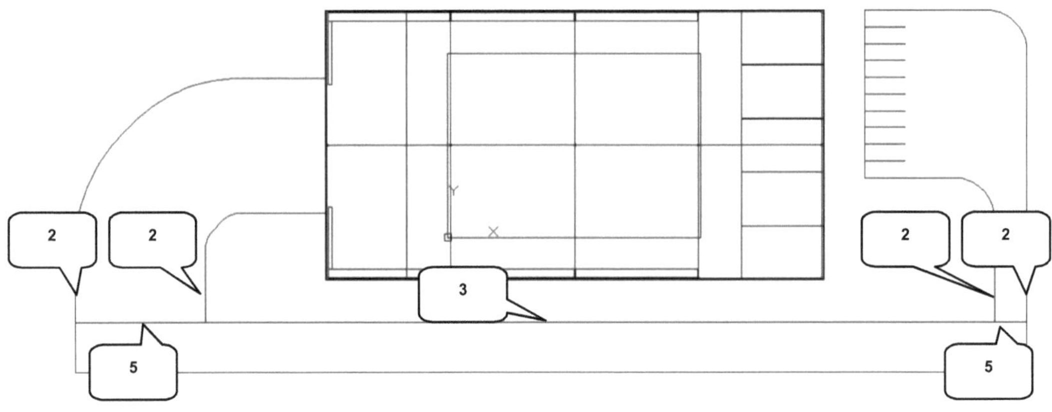

---

[20] Auch hier funktioniert alternativ das Markieren __aller__ Objekte der Zeichnung, indem die Kombination der *Tasten: STRG* und *A* verwendet wird.

4.8.6   Die Wasserspeicher

Die Produktionslinie benötigt zur Vorratsspeicherung des Quellwassers zusätzliche **Wasser-tanks**. Diese werden in der 2D-Zeichnung durch zwei ⊘ **Kreise** symbolisiert.

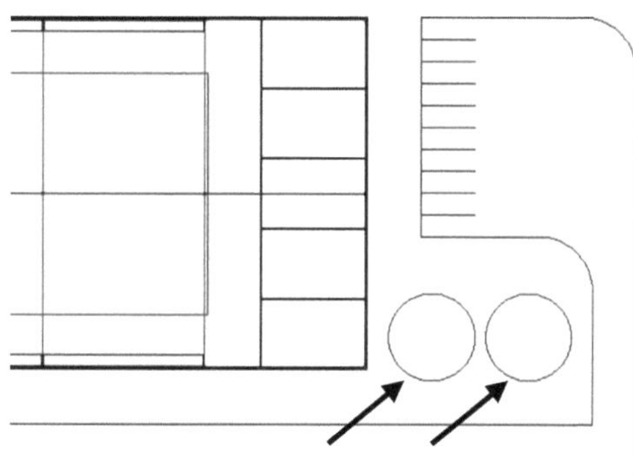

- ⊘ **_Kreis (Mittelpunkt und Radius)_** (1)
- Mittelpunkt: [52100] > **Taste: TAB**
  > [-2100] > **Taste: ENTER**
- Radius: [4000] > **Taste: ENTER**

- ⊘ **_Kreis (Mittelpunkt und Radius)_** (1)
- Mittelpunkt: [61100] > **Taste: TAB**
  > [-2100] > **Taste: ENTER**
- Radius: [4000] > **Taste: ENTER**

4.8.7   Bereinigen der Zeichnung

Um die Zeichnung abschließend zu bereinigen und somit von unnötigen Elementen (z. B. Blöcken, Layern, Gruppen und Stilen) zu befreien, sollen jetzt die Befehle ⚖ **Doppelte Objekte löschen** und ⬜ **Bereinigen** verwendet werden. Vorab ist allerdings der Layer Fabrikhalle zu entsperren, weil zugeordnete Objekte dieses Layers ansonsten nicht mit einbezogen werden würden.

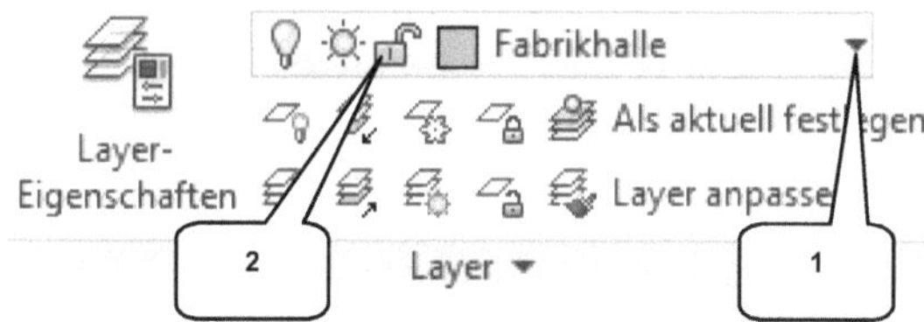

- Befehlsgruppe **Layer** erweitern (1)
- Layer **Fabrikhalle** ⬏ entsperren (2)

Sobald das **Schloss-Symbol** (2) dieses Layers wieder geöffnet dargestellt wird, kann mit dem Bereinigen der Datei begonnen werden.

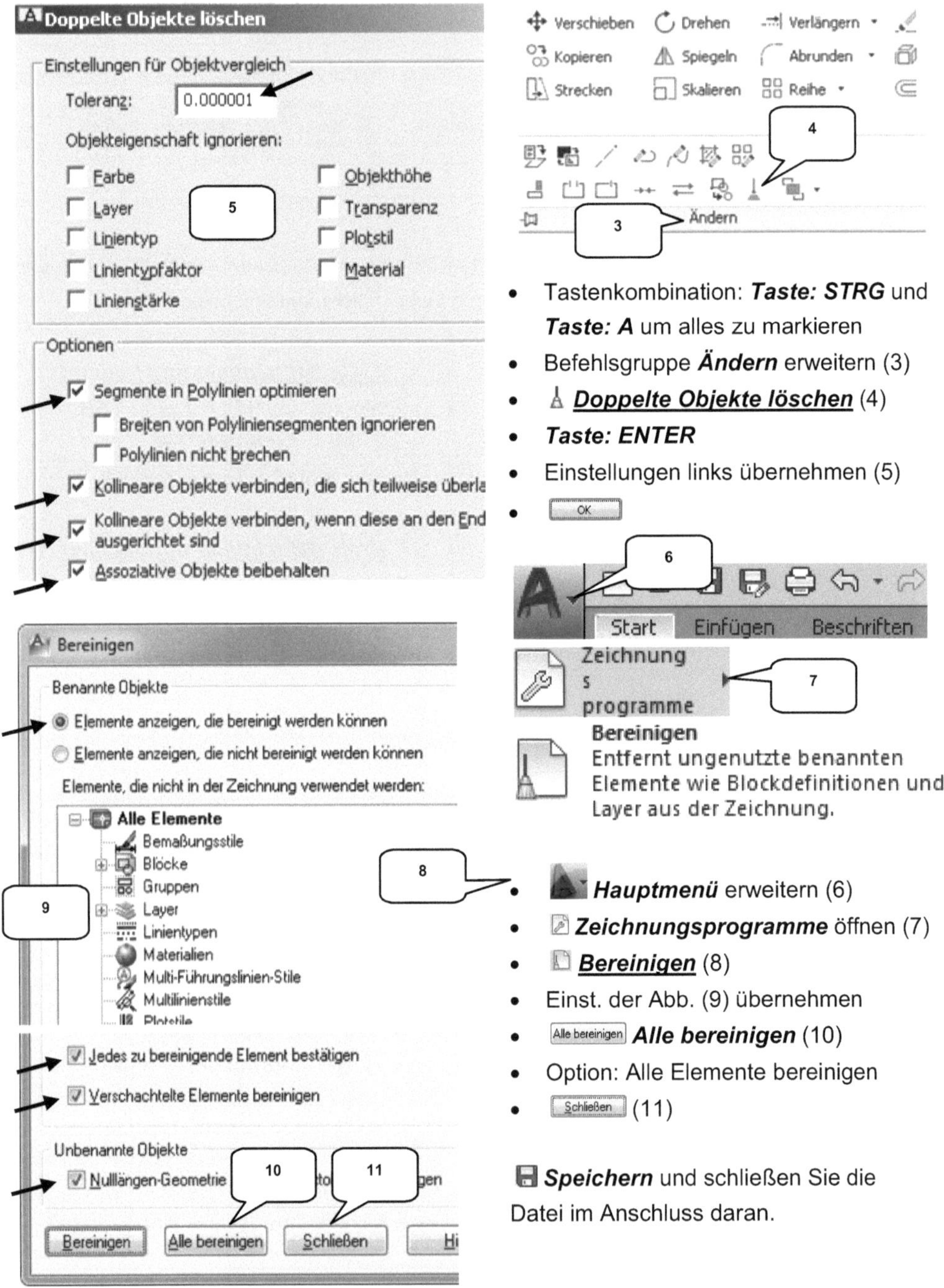

- Tastenkombination: *Taste: STRG* und *Taste: A* um alles zu markieren
- Befehlsgruppe *Ändern* erweitern (3)
- *Doppelte Objekte löschen* (4)
- *Taste: ENTER*
- Einstellungen links übernehmen (5)
- OK
- *Hauptmenü* erweitern (6)
- *Zeichnungsprogramme* öffnen (7)
- *Bereinigen* (8)
- Einst. der Abb. (9) übernehmen
- Alle bereinigen *Alle bereinigen* (10)
- Option: Alle Elemente bereinigen
- Schließen (11)

Speichern und schließen Sie die Datei im Anschluss daran.

4.9 Das gesamte Fabrikgelände
4.9.1 Erzeugen einer neuen Zeichnung

Starten Sie den Befehl ⬚ **Neu** und wählen Sie aus den vorhandenen Vorlagen die **acadiso.dwt** aus. ⬚ **Speichern** Sie die Zeichnung im Projektordner unter der Bezeichnung: **00_00_Gesamt**.

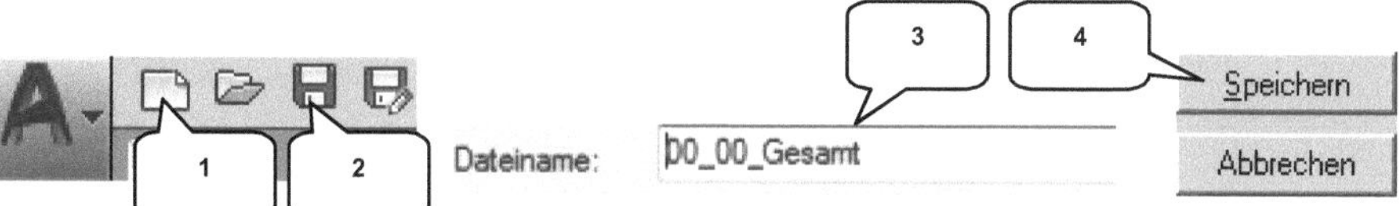

- ⬚ **_Neu_** (1)
- Vorlage: acadiso.dwt
- Öffnen

- ⬚ **_Speichern_** (2)
- Dateiname: [00_00_Gesamt] (3)
- Dateityp: *.dwg
- **Speichern** (4)

4.9.2 Einfügen der Produktionslinie als Referenz

Das Einfügen von Referenzen ist dem Platzieren von Blöcken sehr ähnlich: Auch hier werden die Zeichenobjekte bereits vorhandener Zeichnungen in andere Zeichnungen eingefügt. Der Unterschied besteht darin, dass Referenzen auch nach dem Einfügen weiterhin eine Verknüpfung zur Quelldatei besitzen (Blöcke nicht). Wird die Quelldatei einer Referenz später bearbeitet, so übertragen sich die Änderungen auch in die referenzierte Zeichnung.

In der folgenden Übung, sollen nacheinander die bereits vorhandenen Zeichnungen als Referenzen eingefügt werden, wobei der Koordinatenursprungspunkt als Referenz zu verwenden ist. Begonnen wird mit der Zeichnung **01_00_Produktionslinie.dwg**.

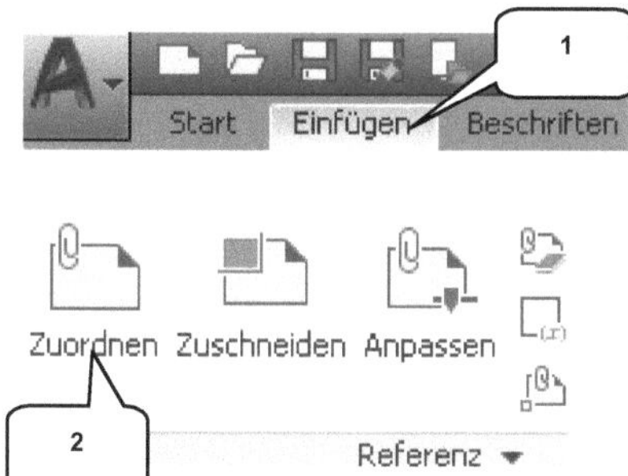

- Register **_Einfügen_** aktivieren (1)

- ⬚ **_Zuordnen_** (2)
- Dateiname: [01_00_Produktionslinie] (3)
- Dateityp: Zeichnung (*.dwg) (4)
- Öffnen (5)
- Werte aus Abb. (6) übernehmen
- OK (7)

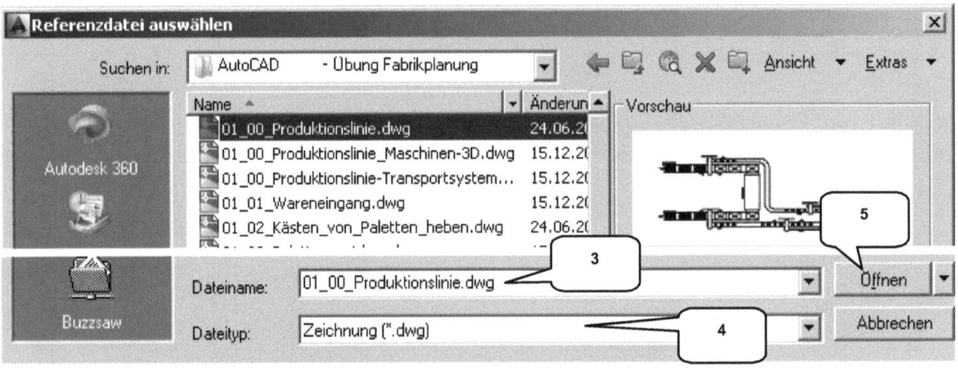

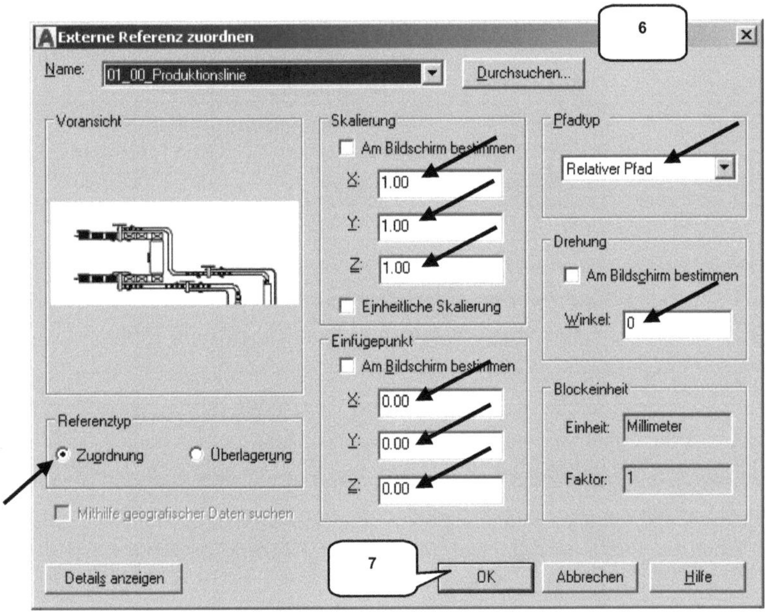

Um die Zeichnung ausrichten zu können, ist am *ViewCube* die Ansicht *OBEN* (8) zu aktivieren. Der Befehl ⌦ *Zuordnen* ist dann zu wiederholen um eine weitere Datei einzubetten.

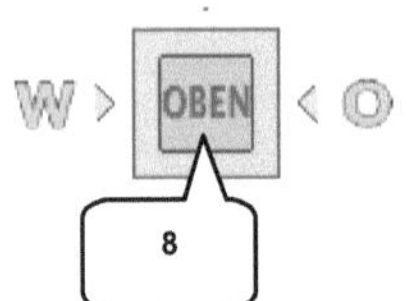

- ⌦ *Zuordnen* (2)
- Dateiname:
- [02_00_Fabrikhalle_mit_ Außenbereich]
- Öffnen
- Werte aus Abbildung (6) übernehmen
- OK

4.9.3 Bearbeiten einer Referenz innerhalb der Gesamtzeichnung

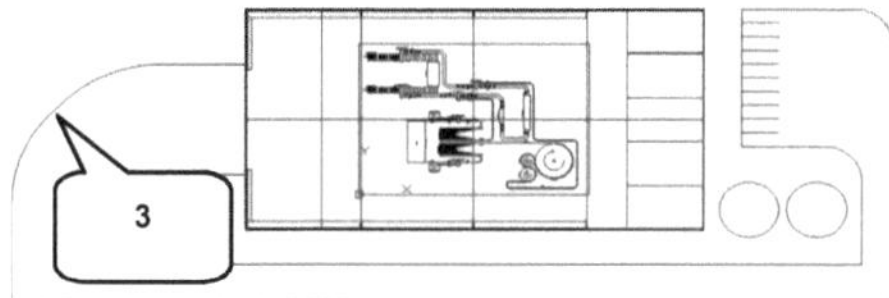

Die referenzierte Zeichnung **01_00_Fabrikhalle** soll aus der aktuellen Zeichnung heraus bearbeitet werden, d .h. ohne sie dabei öffnen zu müssen.

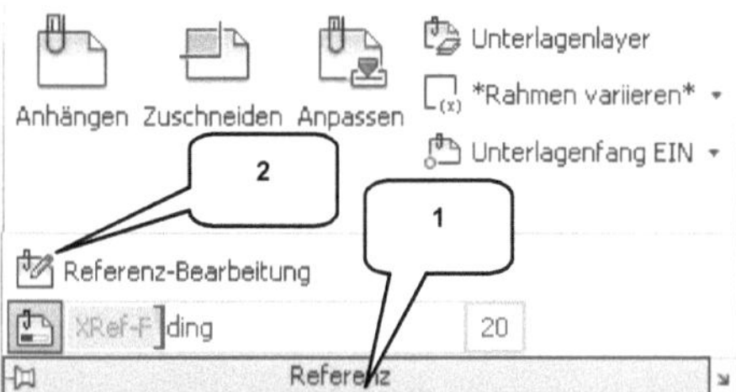

- Befehlsgruppe **Referenzen** erweitern (1)
- **Referenz-Bearbeitung** (2)
- Markierte Linie (3) anklicken

- <u>Im Fenster: Referenz bearbeiten</u>
- Aktivieren: Alle eigebetteten Objekte automatisch wählen (4)
- [OK] (Fenster: Referenz bearbeiten)
- [OK] (Hinweis: Referenzbearbeitung)
- [OK] (Hinweis: AutoCAD)

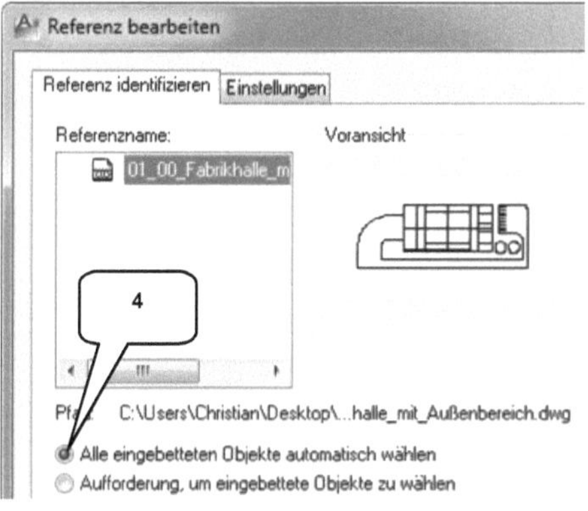

Sobald alle Objekte (außer die zur Bearbeitung ausgewählte Referenzdatei) transparent dargestellt werden, kann mit der Bearbeitung der Datei begonnen werden[21].

- Markiertes Rechteck wählen (5)
- **Taste: ENTF**

---

[21] Werden externe Referenzen innerhalb einer Gesamtzeichnung bearbeitet, so erscheint die zusätzliche Befehlsgruppe **Referenz-Bearbeitung** (6). Hier können Referenzbearbeitungen in den Referenzen gespeichert oder verworfen werden, bzw. Referenzen zur Zeichnung hinzugefügt oder wieder daraus entfernt werden.

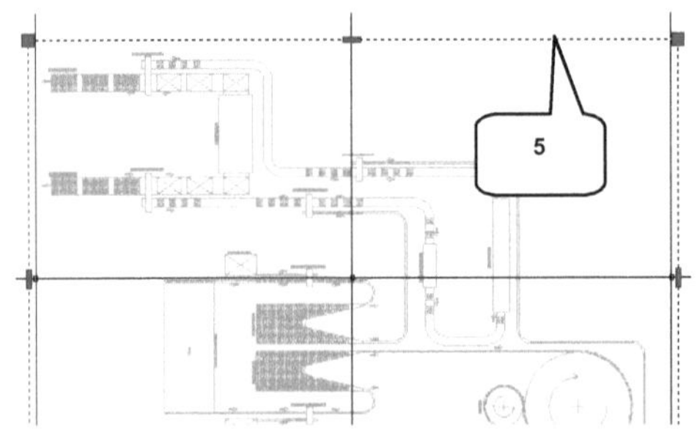

Die Änderung an der Referenz **01_00_Fabrikhalle** soll jetzt auch in der Originaldatei gespeichert werden. Hierfür muss der Befehl ⬚ **Änderungen speichern** gestartet werden.

- ⬚ **Änderungen speichern** (7)
- [OK]

4.9.4 Importieren weiterer Referenzen

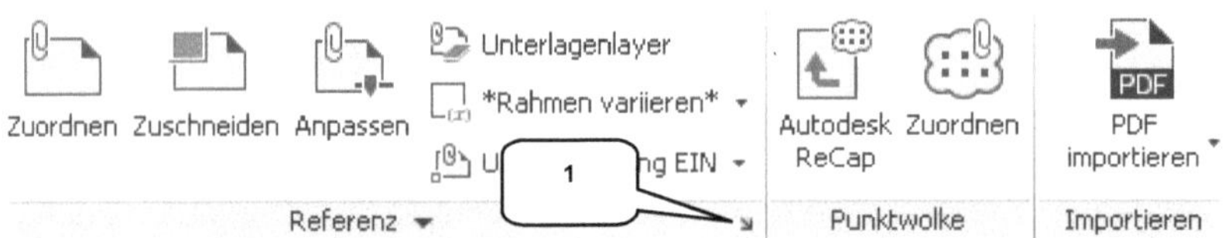

Starten Sie den **Manager für externe Referenzen**[22] (kleiner Pfeil der Befehlsgruppe **Referenz**) und aktivieren Sie die Option ⬚ **DWG zuordnen**. Wählen Sie die Zeichnung **03_00_Fuhrpark** aus und übernehmen die die folgenden Einstellungen:

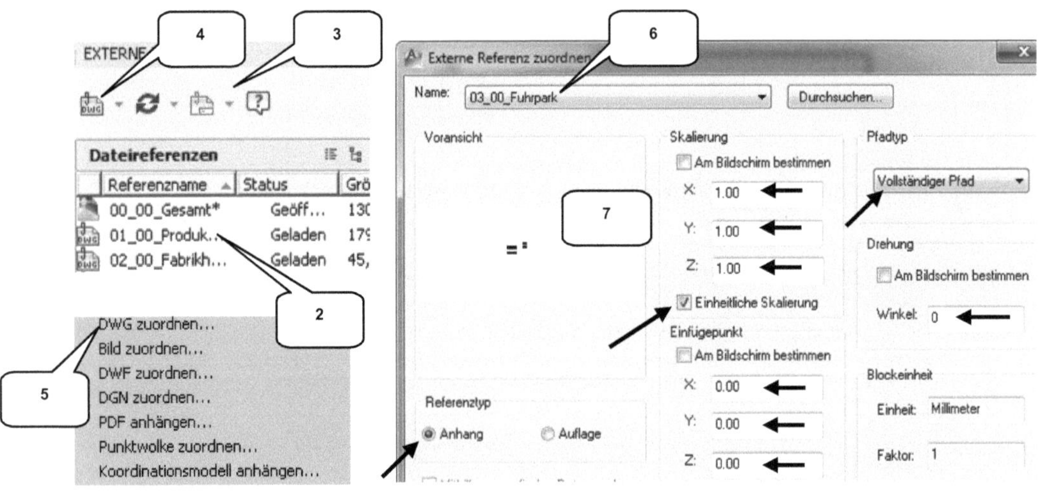

---

[22] Der **Manager für externe Referenzen** (1) kann nur gestartet werden, wenn die zuletzt bearbeitete Referenz (**01_00_Fabrikhalle**) vorher wieder ordnungsgemäß geschlossen wurde (siehe vorangegangenes Kapitel). Im Manager findet man im Bereich **Dateireferenzen** (2) eine Übersicht der bereits enthaltenen Referenzen. Weiterhin gibt es ein Befehlsbereich zur Verwaltung dieser Referenzen (3). Hier können u. a. **weitere Referenzen** (4) hinzugefügt werden, wobei in einem **Menü** (5) der entsprechende Dateityp auszuwählen ist.

- ***Externe Referenzen*** (1)
- Referenz hinzufügen (4)
- DWG-zuordnen (5)
- Dateiname: [03_00_Fuhrpark] (6)

- Öffnen
- Werte aus Abbildung (7) übernehmen
- OK

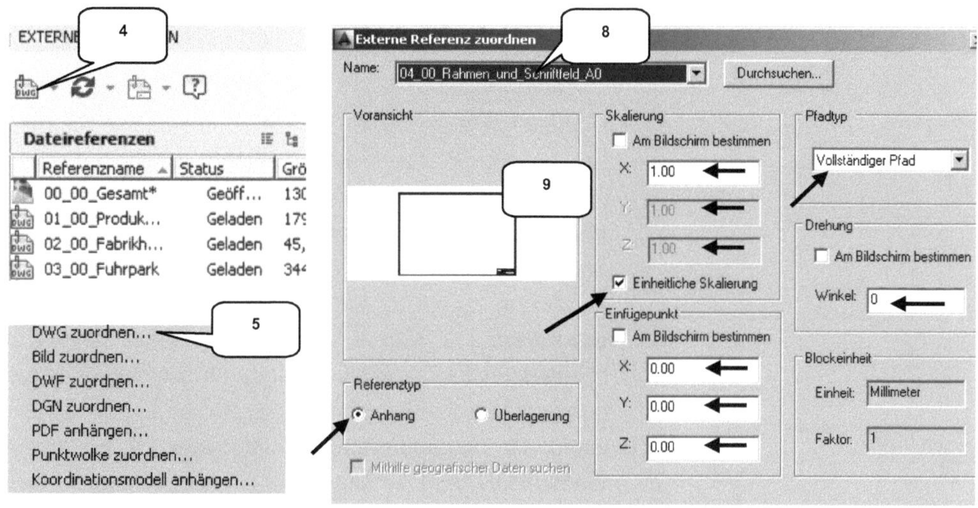

Der Befehl ist zu wiederholen, um weiterhin die Datei ***04_00_Rahmen_und_ Schriftfeld_A0*** in die Zeichnung importieren zu können.

- Referenz hinzufügen (4)
- DWG-zuordnen (5)
- Dateiname: [04_00_Rahmen_und_ Schriftfeld_A0] (8)

- Öffnen
- Werte der oberen Abb. (9) übernehmen
- OK

Weitere Änderungen an der aktuellen Datei sind zum jetzigen Zeitpunkt nicht vorgesehen und sie kann daher ***gespeichert*** werden. Allerdings ist sie weiterhin geöffnet zu lassen.

5 Das Projekt für den Druck vorbereiten

5.1 Allgemeine Grundeinstellungen
5.1.1 Der Seiteneinrichtungs-Manager

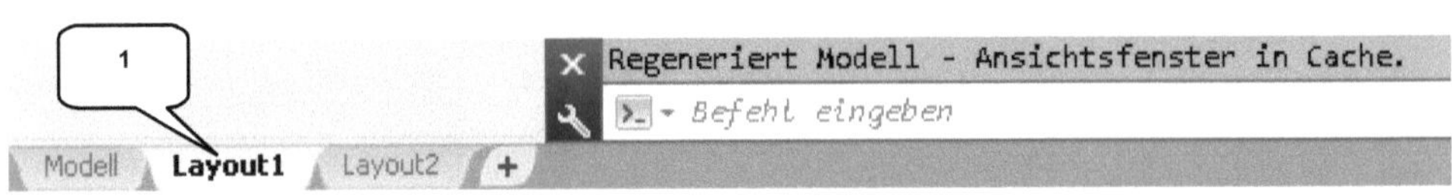

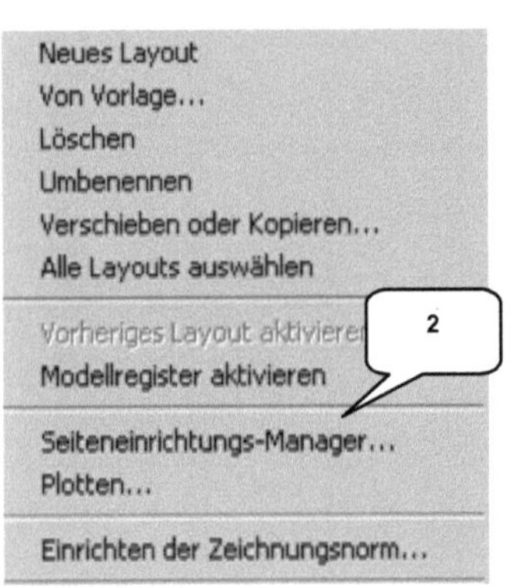

Um die aktuelle Zeichnung für einen Ausdruck auf Papier oder in das PDF-Format vorzubereiten, muss vom **Modellbereich** in den **Papierbereich** (Layoutbereich) gewechselt werden. Dafür kann im unteren linken Bereich der Zeichnung mit der linken Maustaste auf eine der **Layout-Karten** (1) geklickt werden. Um dieses Layout zu bearbeiten ist im Anschluss daran mit der rechten Maustaste auf dieselbe Layout-Karte zu klicken um im Kontextmenü den **Seiteneinrichtungs-Manager** (2) zu starten. Wurde er aktiviert, so öffnet sich ein neues Fenster, worin der für diese Zeichnung zu verwendende Drucker eingestellt wird, die Blatteigenschaften definiert werden und weitere Optionen festzulegen sind, wie z. B. besondere Druckoptionen, Druckqualität, usw..

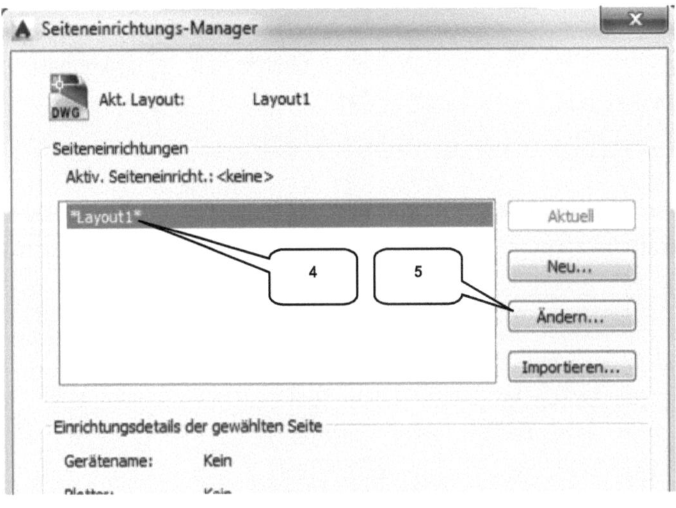

- **Layout1** (1) aktivieren (linke Maust.)
- **Rechte Maustaste** auf Layout1 (1)

- **Seiteneinrichtungs-Manager** (2)
- **Layout1** wählen (4)
- Ändern... (5)
- Einstellungen aus Abb. (6) übernehmen
- OK

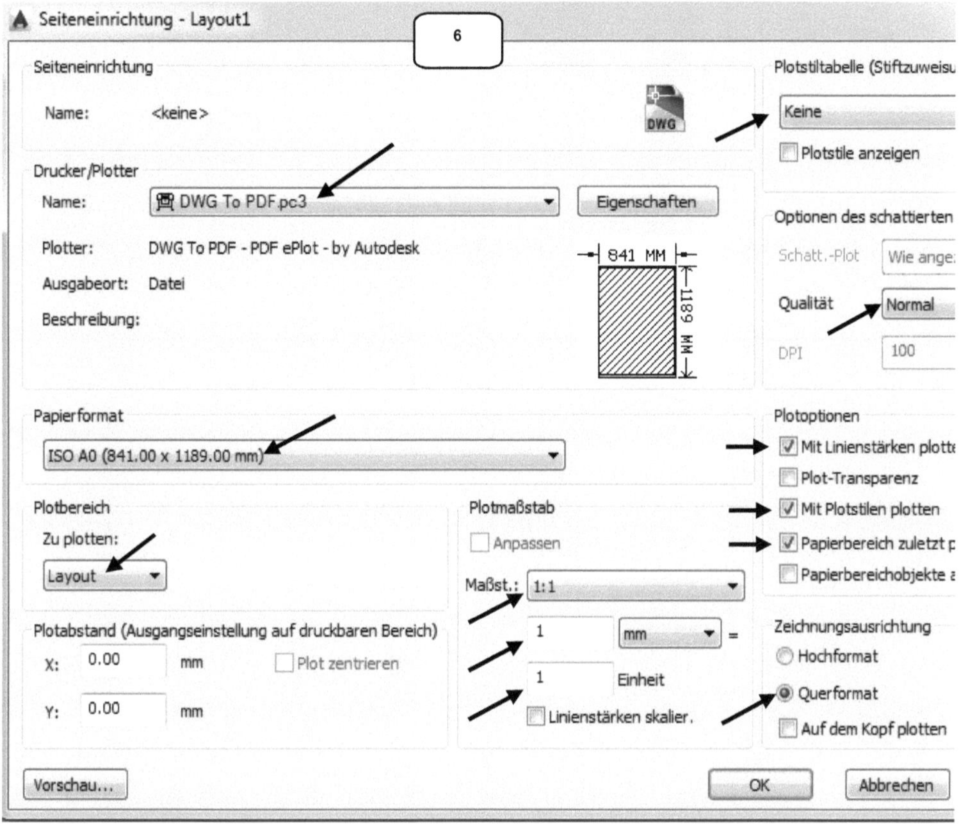

5.1.2   Das Ansichtsfenster proportionieren

Nachdem das Layout festgelegt wurde, sind jetzt alle Inhalte aus dem Modellbereich im Papierbereich sichtbar zu machen, wofür ein **Ansichtsfenster** benötigt wird. Es zeigt den gewünschten Ausschnitt des Modellbereichs an beliebiger Position und in gewünschter Größe. Standardmäßig enthält jedes Layout bereits ein Ansichtsfenster was verwendet werden kann. Das aktuelle Ansichtsfenster muss jetzt allerdings noch an die Größe des Layouts (DIN A0) angepasst werden, wofür die Eckpunkte zu verschieben sind. Hierfür muss es mit einem einfachen Klick der linken Maustaste[23] auf dessen Rand aktiviert werden, um es danach in seiner Größe ändern zu können.

---

[23] Markieren Sie das Ansichtsfenster durch einen <u>einfachen</u> Klick mit der linken Maustaste auf dessen Rand (per Doppelklick würde man ggf. unbeabsichtigt in den Modellbereich gelangen).

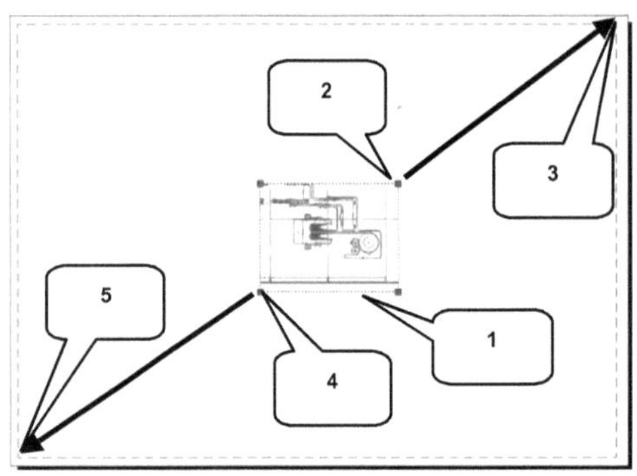

- Fenster-Rand <u>einmal</u> anklicken (1)
- Oberen, rechten Eckpunkt des Ansichtsfensters (2) auf oberen, rechten Eckpunkt des gestrichelten Rechtecks (3) ablegen
- Unteren, linken Eckpunkt des Ansichtsfensters (4) auf unteren, linken Eckpunkt des gestrichelten Rechtecks (5) ablegen
- ***Taste: ESC***

Um die Darstellung der Zeichnung aus dem Modellbereich an die neue Fenstergröße anzupassen, muss temporär in den Modellbereich gewechselt werden. Hierfür ist in der unteren Befehlsleiste auf die Option ***Papier*** zu klicken. Wurden alle Änderungen übernommen, kann anschließend durch einen Klick auf ***Modell*** wieder in den Papierbereich zurückgekehrt werden.

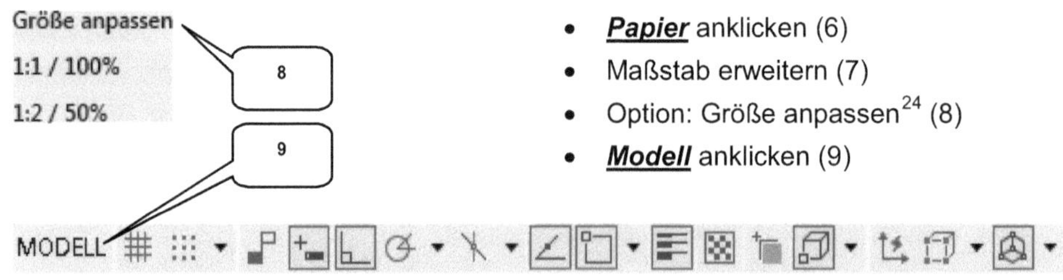

- ***Papier*** anklicken (6)
- Maßstab erweitern (7)
- Option: Größe anpassen[24] (8)
- ***Modell*** anklicken (9)

---

[24] Die in diesem Buch verwendete Anpassung der Darstellungsgröße des Modellbereichs an die Fenstergröße des Papierbereichs (Option ***Größe anpassen***) entspricht <u>nicht</u> der DIN-Norm! Grundsätzlich ist ein Maßstab nach DIN ISO 5455 zu wählen, was in diesem Übungsbeispiel allerdings zu keinem zufriedenstellenden Ergebnis führen würde.

5.1.3 Der neue Layer: Beschriftung

Wechseln Sie ins Register **Start** und öffnen Sie dort den 🔲 **Layereigenschaften-Manager**. Erstellen Sie einen neuen Layer **Beschriftung** mit den folgenden Eigenschaften:

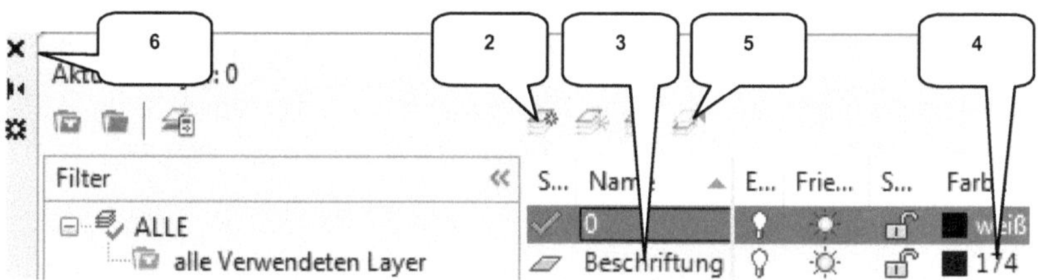

- Register **Start** (1) öffnen
- 🔲 **Layereigenschaften-Manager**
- 🔲 Neuer Layer (2)
- Name: [Beschriftung] (3)

- Farbe: [174] (4)
- Layer aktivieren (5)
- Fenster schließen (6)

5.1.4 Vervollständigen des Schriftfeldes

Der Schriftkopf der Zeichnung ist zu vervollständigen. Verwenden Sie hierfür den Befehl A **Einzelne Linie** (im Befehlsmenü A **Absatztext**).

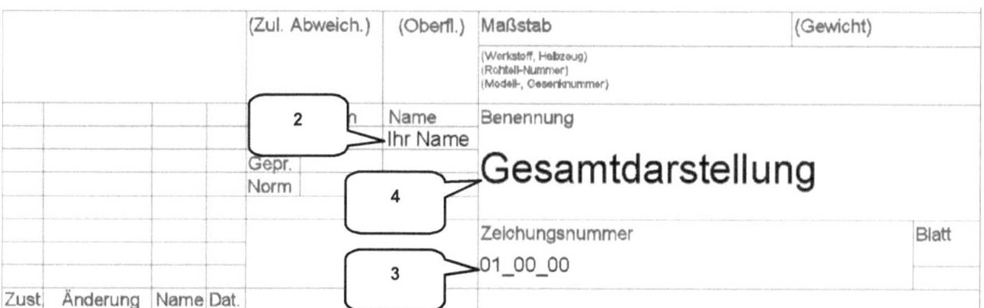

- Befehl A **Absatztext** erweitern
- A **Einzelne Zeile** (1)
- Startpunkt festlegen[25] (2)
- Höhe: [2.5] > **Taste: ENTER**
- Drehwinkel: [0] > **Taste: ENTER**
- Bezeichnung: [Ihr Name]
- **Taste: ENTER > Taste: ENTER**

- A **Einzelne Zeile** (1)
- Startpunkt festlegen (3)
- Höhe: [2.5] > **Taste: ENTER**

- Drehwinkel: [0] > **Taste: ENTER**
- Bezeichnung: [01_00_00]
- **Taste: ENTER**
- **Taste: ENTER**

- A **Einzelne Zeile** (1)
- Startpunkt festlegen (4)
- Höhe: [5] > **Taste: ENTER**
- Drehwinkel: [0] > **Taste: ENTER**
- Bezeichnung: [Gesamtdarstellung]
- **Taste: ENTER > Taste: ENTER**

5.1.5 Beschriften der Arbeitsbereiche

Weitere Bereiche sollen beschriftet werden, wofür ebenfalls der Befehl A **Einzelne Linie** zu verwenden ist. Die Schriftgröße soll diesmal 5 mm betragen.

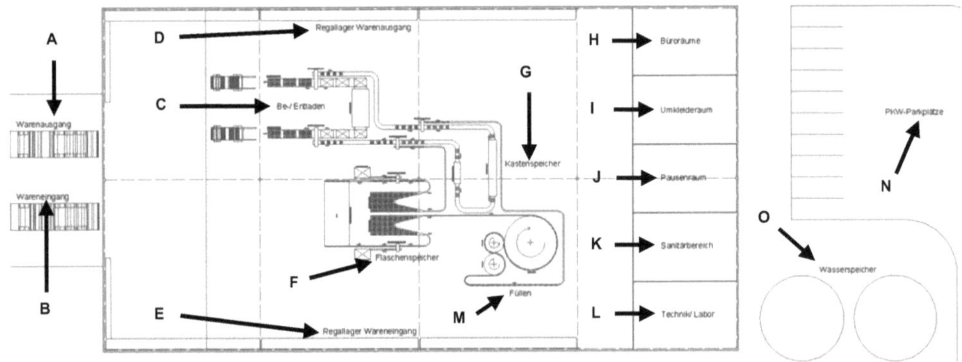

- A) [Warenausgang]
- B) [Wareneingang]
- C) [Be-/ Entladen]
- D) [Regallager WA]
- E) [Regallager WE]
- F) [Flaschenspeicher]
- G) [Kastenspeicher]
- H) [Büroräume]
- I) [Umkleideraum]
- J) [Pausenraum]
- K) [Sanitärbereich]
- L) [Technik/ Labor]
- M) [Füllen]
- N) [PKW-Parkplätze]
- O) [Wasserspeicher]

---

[25] Wurde ein Text falsch positioniert, so kann er jederzeit nachträglich korrigiert werden. Hierfür klicken Sie den Text einmal mit der linken Maustaste an und verschieben diesen dann bei gedrückter linker Maustaste auf die gewünschte Position.

5.1.6   Bemaßen der Zeichnung

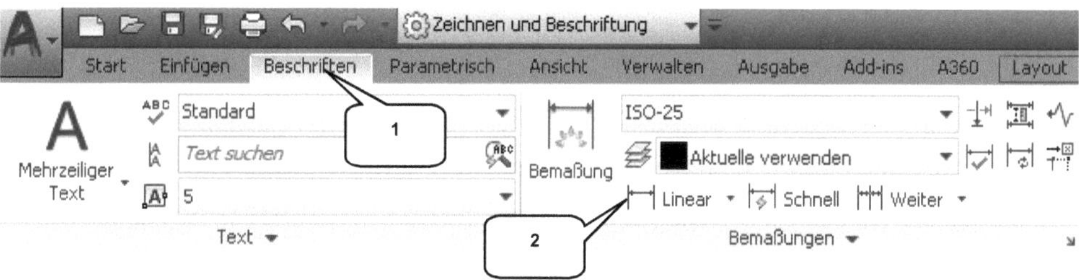

Bemaßungen sollten möglichst erst im Papierbereich erzeugt werden, da dann die Schriftgröße der Maße konstant bleibt, auch wenn der Ansichtsmaßstab im Modellbereich geändert wird[26]. Wechseln Sie ins Register **Beschriften** und bemaßen Sie zuerst den Abstand der beiden Hallenpfeiler auf der oberen, linken Seite. Bemaßt werden soll der Schnittpunkt der gestrichelten Linien mit den Pfeiler-Rechtecken.

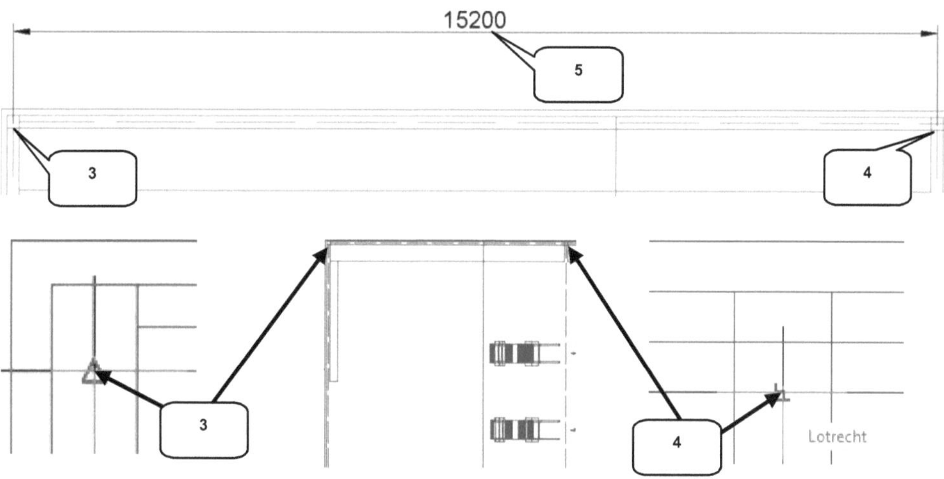

- Register **Beschriften** öffnen (1)
- ⊓ *Linearbemaßung* (2)
- Startpunkt wählen (3)
- Endpunkt wählen (4)
- Bemaßung ablegen (5)

Das letzte Maß soll erweitert werden, um es in ein Kettenmaß umzuwandeln. Hierfür ist der Befehl ⊬⊬ **Weiter** zu starten und weitere Referenzpunkte sind auszuwählen.

---

[26] Bemaßungen können natürlich auch im Modellbereich erzeugt werden, wenn der Beschriftungsmaßstab angepasst wird.

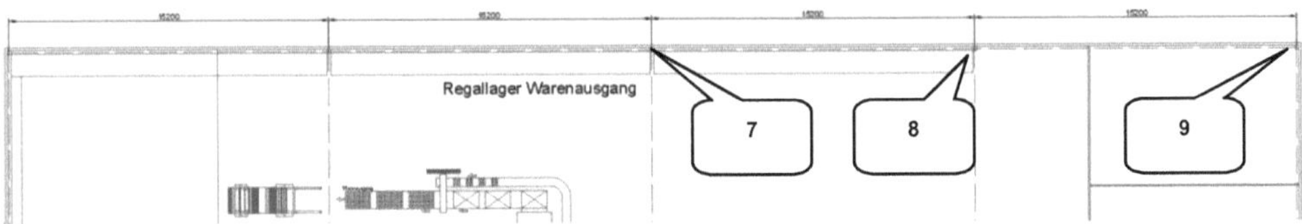

- ⊢⊣⊣ **_Weiter_** (6)
- Markierten Schnittpunkt zwischen der gestrichelten Linie und dem Rechteck wählen (7)

- Markierten Schnittpunkt wählen (8)
- Markierten Schnittpunkt wählen (9)
- **_Taste: ESC_**

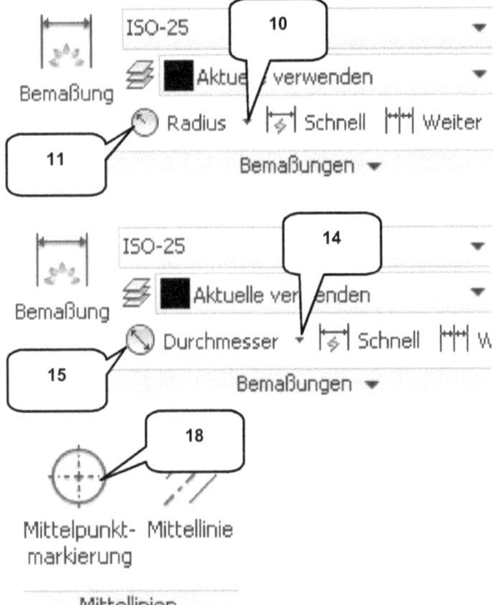

Erweitern Sie den Befehl ⊢⊣ **_Linearbemaßung_** und bemaßen Sie den linken Wasserspeicher als ◎ **_Radiusbemaßung_**.

- **_Bemaßung_** erweitern (10)
- ◎ **_Radiusbemaßung_** (11)
- Kreis (12) wählen
- Maßtext an Position (13) ablegen

Bemaßen Sie den rechten Wasserspeicher. Diesmal als ◎ **_Durchmesserbemaßung_**.

- **_Bemaßung_** erweitern (14)
- ◎ **_Durchmesserbemaßung_** (15)
- Kreis (16) wählen
- Maßtext an Position (17) ablegen

Die beiden Wasserspeicher sind jetzt um ⊕ **_Mittelpunktmarkierungen_** zu ergänzen.

- ⊕ **_Mittelpunktmarkierung_** (18)
- Kreis (12) wählen
- Kreis (16) wählen
- **_Taste: ESC_**

Wasserspeicher

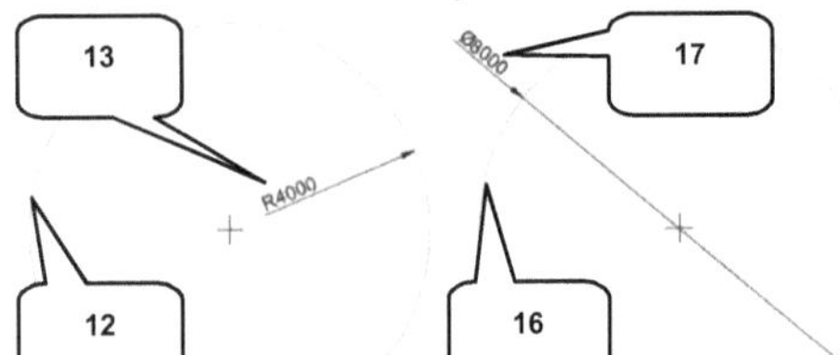

5.1.7 Führungslinien hinzufügen

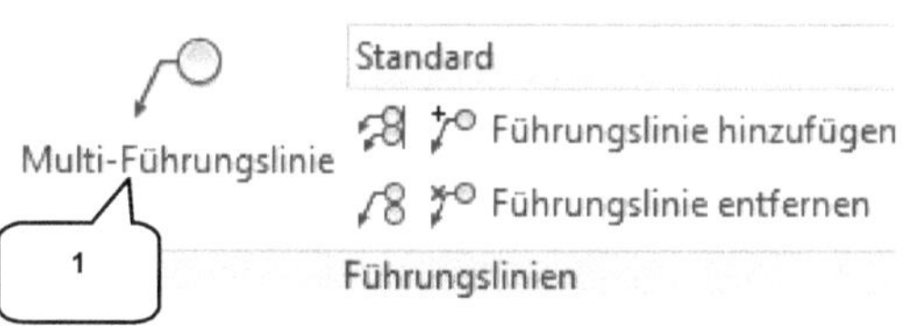

Weitere Hinweise sollen durch zwei **Multi-Führungslinien** in die Zeichnung eingefügt werden.

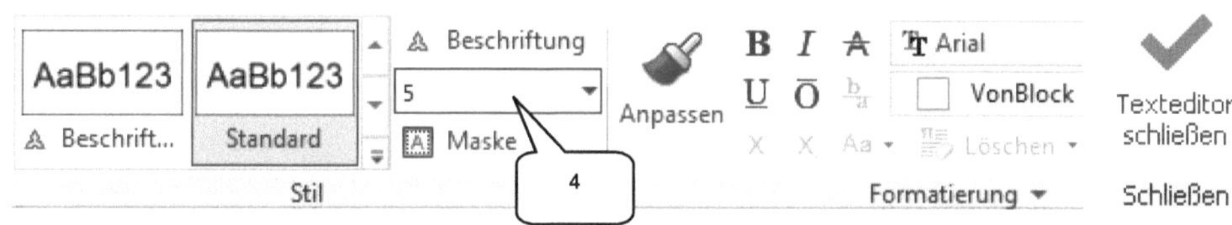

- **Multi-Führungslinie** (1)
- Startpunkt der Linie: Pos. (2)
- Text an Position (3) ablegen[27]
- Register: Texteditor
- Texthöhe: [5] (4)
- Text: [1] eingeben
- ✔ **Texteditor schließen**

- **Multi-Führungslinie** (1)
- Startpunkt der Linie: Pos. (5)
- Text an Position (6) ablegen
- Register: Texteditor
- Texthöhe: [5] (4)
- Text: [2] eingeben
- ✔ **Texteditor schließen**

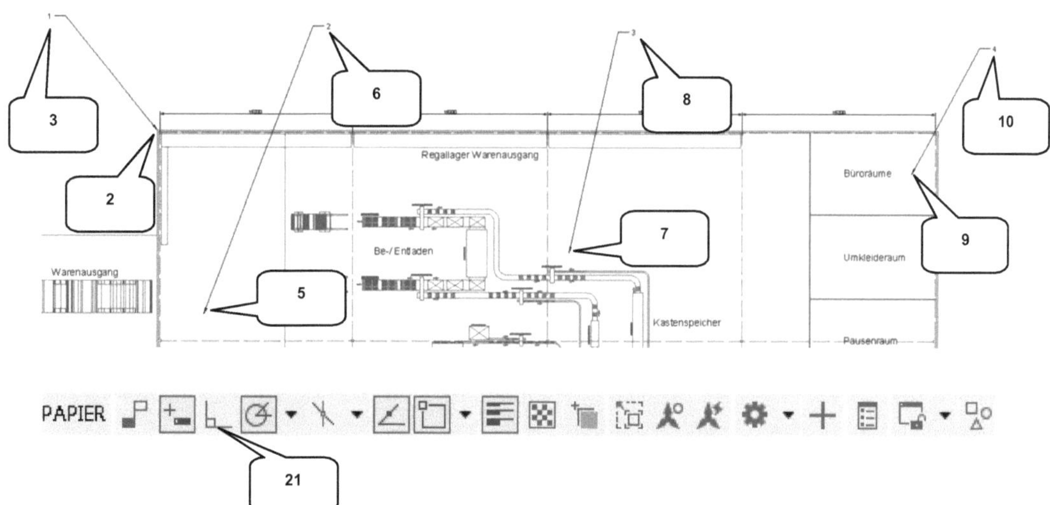

---

[27] Sollten sich die **Führungslinien** nicht wie oben angegeben positionieren lassen, so ist eventuell noch der Ortho-Modus (21) aktiv. Er müsste dann deaktiviert werden.

- /° ***Multi-Führungslinie*** (1)
- Startpunkt der Linie: Pos. (7)
- Text an Position (8) ablegen
- Register: Texteditor
- Texthöhe: [5] (4)
- Text: [3] eingeben
- ✔ ***Texteditor schließen***

- /° ***Multi-Führungslinie*** (1)
- Startpunkt der Linie: Pos. (9)
- Text an Position (10) ablegen
- Register: Texteditor
- Texthöhe: [5] (4)
- Text: [4] eingeben
- ✔ ***Texteditor schließen***

Die Führungslinien sollen jetzt aneinander ausgerichtet werden, wofür der Befehl 🔁 ***Ausrichten*** zu verwenden ist.

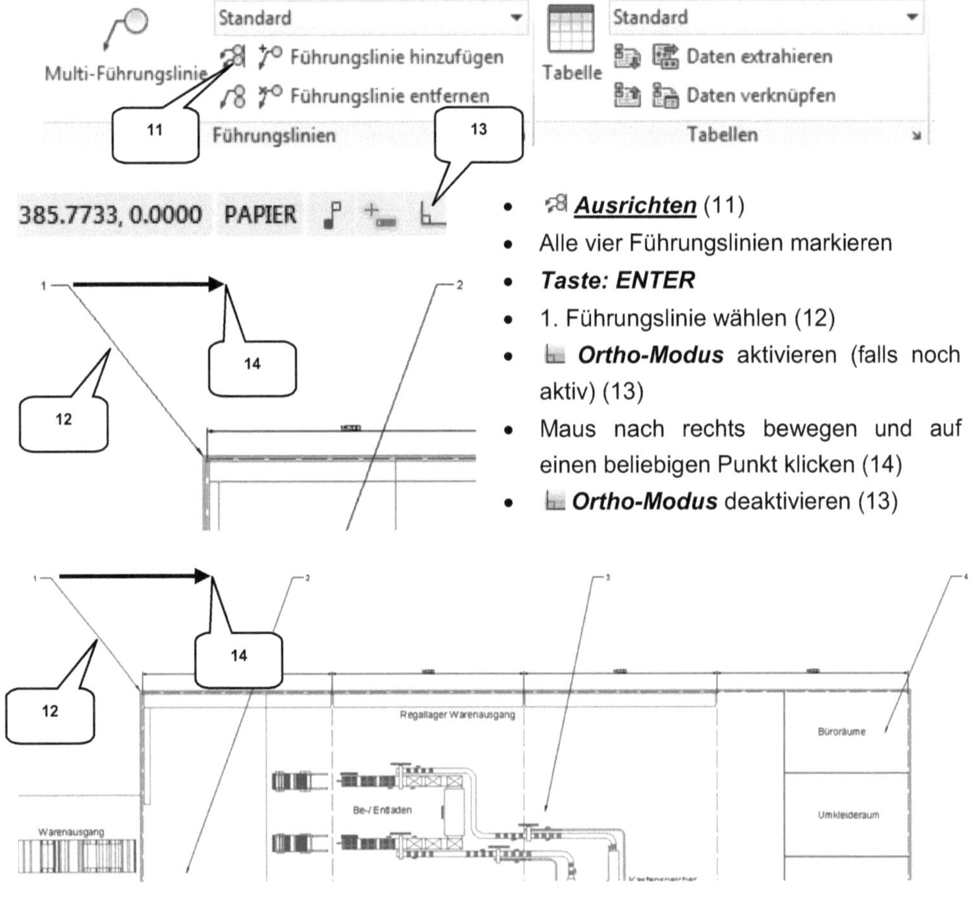

- 🔁 ***Ausrichten*** (11)
- Alle vier Führungslinien markieren
- ***Taste: ENTER***
- 1. Führungslinie wählen (12)
- 📐 ***Ortho-Modus*** aktivieren (falls noch aktiv) (13)
- Maus nach rechts bewegen und auf einen beliebigen Punkt klicken (14)
- 📐 ***Ortho-Modus*** deaktivieren (13)

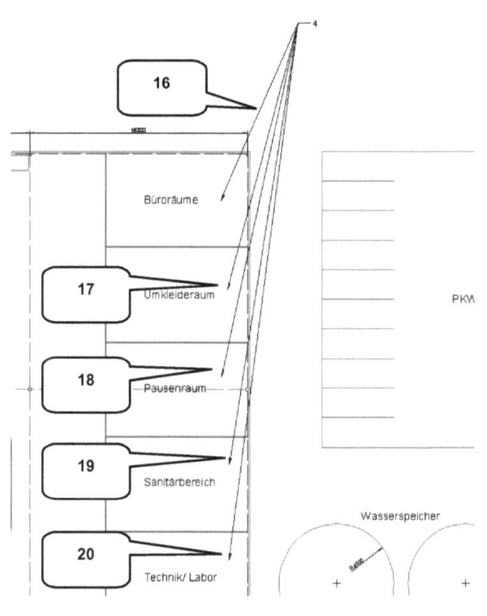

Die letzte Führungslinie mit der Nummer 4 soll um vier weitere Linien erweitern werden. Verwenden Sie dafür den Befehl ↗° **Füh-rungslinie hinzufügen**.

- ↗° **_Führungslinie hinzufügen_** (15)
- Führungslinie Nr. 4 wählen (16)
- Auf Punkt (17) klicken
- Auf Punkt (18) klicken
- Auf Punkt (19) klicken
- Auf Punkt (20) klicken
- **_Taste: ESC_**

5.1.8 Einfügen einer Tabelle

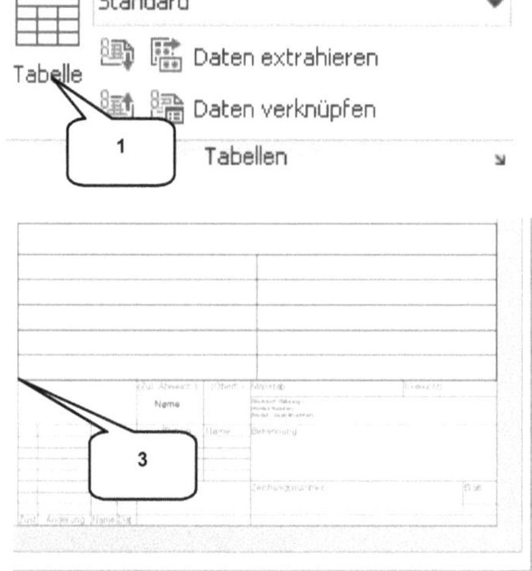

Um die Positionsnummern der Führungsli-nien (1...4) noch um eine tabellarische Le-gende ergänzen zu können, ist der Befehl 📋 **Tabelle** zu starten. Es sollte eine Tabelle mit zwei Spalten (Breite: 85 mm) und vier Zeilen (Höhe: 1 Zeile) erzeugt werden.

- 📋 **_Tabelle_** (1)
- Einstellungen aus Abbildung (2) über-nehmen > OK
- Tabelle oberhalb des Zeichnungsschrift-feldes auf Position (3) ablegen[28]
- **_Taste: ESC_**

---

[28] Die Tabelle sollte bündig auf dem Schriftfeld der Zeichnung platziert werden. Um die Tabelle nachträglich noch einmal zu verschieben, kann der Befehl ✛ **Verschieben** (Register **Start** > Befehlsgruppe **Einfügen**) verwendet werden.

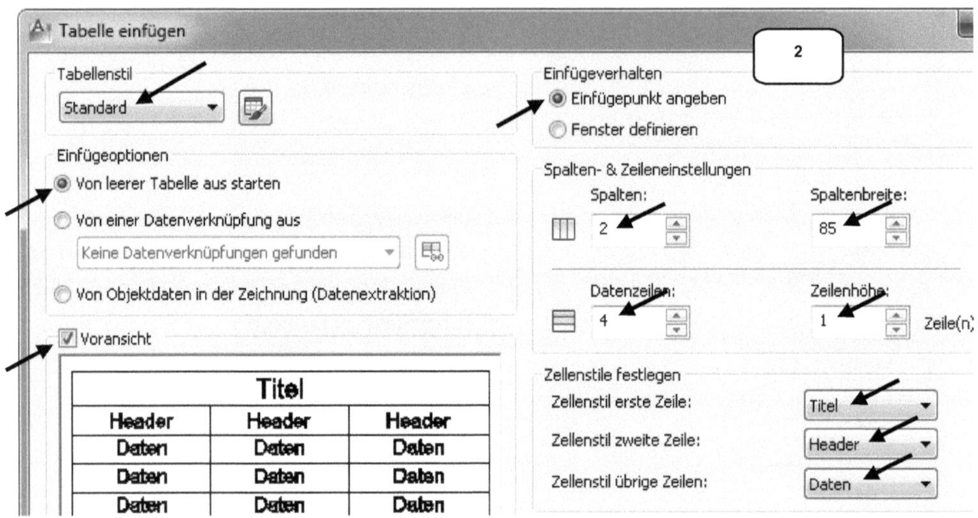

Um die Inhalte der Tabelle bearbeiten zu können, muss einmal auf die Tabelle geklickt und anschließend das zu bearbeitende Feld markiert werden. Zwischen den einzelnen Zellen kann mit den Pfeiltasten der Tastatur gewechselt werden). Die Texte der folgenden Tabelle können jetzt übernommen werden:

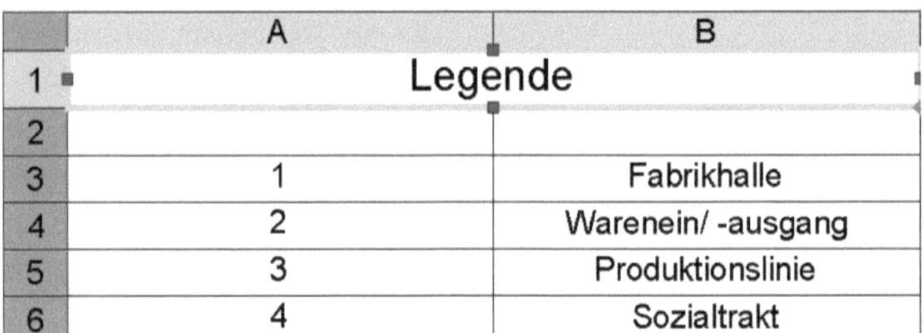

Die Textausrichtung jeder Zelle ist mit der Option **Mitte-Zentrum** (5) festzulegen. Wurden alle Eingaben übernommen, kann die Bearbeitung der Tabelle mit den Befehl ✔ **Texteditor schließen** beendet werden.

5.1.9 Konvertieren der Zeichnung in das PDF-Format

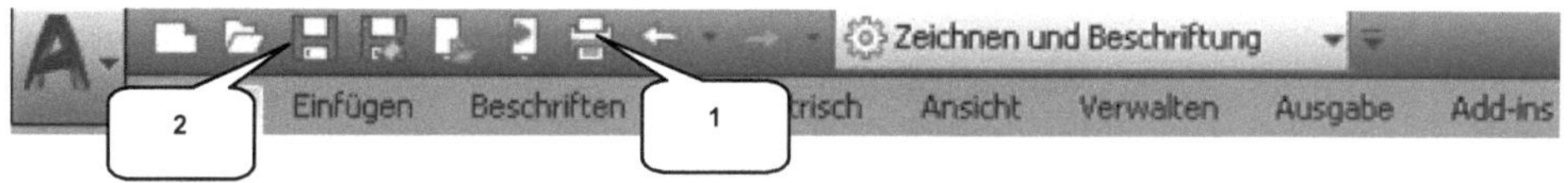

Soll eine Zeichnung auf Papier ausgedruckt oder in das PDF-Format konvertiert werden, so muss der Befehl **Plot** gestartet werden. Um eine PDF-Datei erzeugen zu können, sollte der Drucker **DWG To PDF.pc3** aktiviert sein.

Der Klick auf die **Vorschau** im Befehlsfenster zeigt den aktuellen Druckbereich. Sollte dieser zufrieden stellend sein, kann das Drucken **gestartet** werden.

- **Plot** (1)
- Vorschau
- **Taste: ESC**
- OK

- Dateiname: [00-00-Gesamt-Blatt1-A0]
- Dateityp: *.pdf
- Speicherort: Projektordner wählen
- Speichern

Die PDF-Datei kann danach im Projektordner mit einem PDF-Reader geöffnet werden.

Speichern (2) und schließen Sie die Zeichnung abschließend.

6 Fabrikplanung im 3D-Modellbereich

6.1 Visualisierung der Produktionslinie
6.1.1 Erzeugen einer neuen Zeichnung

Zur besseren räumlichen Darstellung der konstruierten Fabrik, soll anhand der bereits bestehenden 2D-Zeichnung eine vereinfachte 3D-Visualisierung erstellt werden. Im Befehl ☐ **Neu** ist wiederholt die Vorlage *acadiso.dwt* auszuwählen und die neue Datei ist unter der Bezeichnung *00_00_Gesamt-3D* im Projektordner zu 🖫 *speichern*.

- ☐ ***Neu*** (1)
- Vorlage: acadiso.dwt
- Öffnen

- 🖫 ***Speichern*** (2)
- Dateiname: [00_00_Gesamt-3D] (3)
- Dateityp: *.dwg
- ***Speichern*** (4)

6.1.2 Platzieren der Basiszeichnung

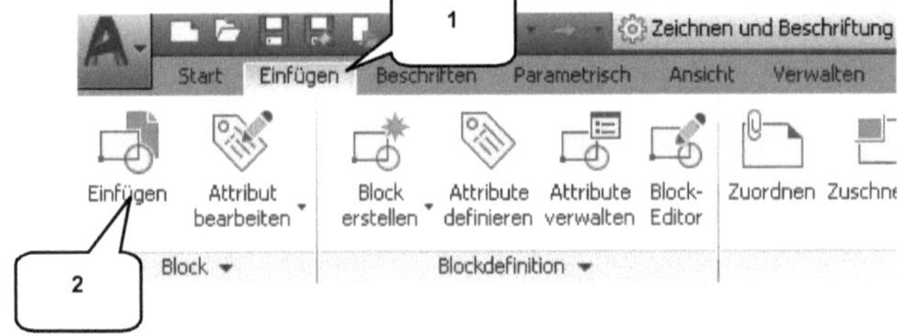

Als Grundlage für die 3D-Planung soll eine bereits vorgefertigte Zeichnung dienen, welche im ersten Schritt als Block in die Zeichnung einzufügen ist.

- Register ***Einfügen*** (1)
- 🔲 ***Block einfügen*** (2)
- Weitere Optionen
- Durchsuchen...
- Dateiname: [01_00_ Produktionslinie_ Maschinen-3D]
- Einstellungen der Abb. (3) übernehmen
- OK

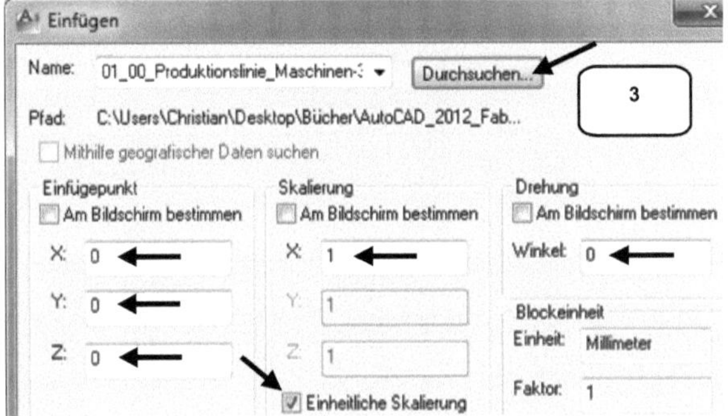

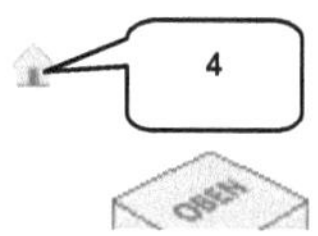

Um die Ansicht isometrisch auszurichten, kann auf das kleine 🏠 *Haus-Symbol* (4) neben dem **ViewCube** geklickt werden. Es befindet sich oben rechts im Zeichenbereich des Programms.

6.1.3 Der neue Layer: 3D-Maschinen

Im Register *Start* kann anschließend der 🖼 *Layereigenschaften-Manager* geöffnet werden um den neuen Layer **3D-Maschinen** mit folgenden Eigenschaften zu erstellen.

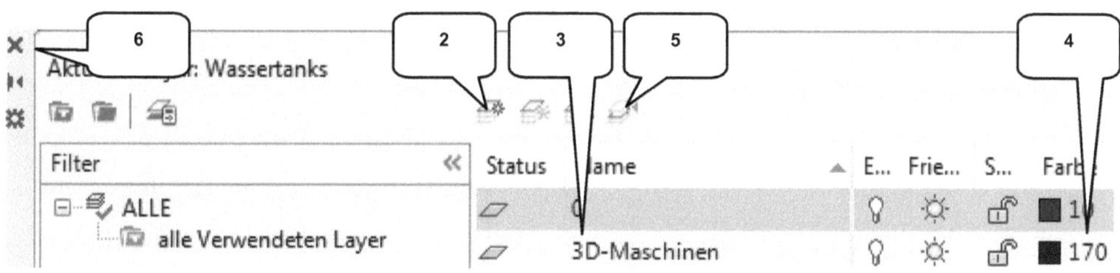

- Register *Start* (1) öffnen
- 🖼 ___Layereigenschaften-Manager___
- 🖉 Neuer Layer (2)
- Name: [3D-Maschinen] (3)

- Farbe: [170] (4)
- Layer aktivieren (5)
- Fenster schließen (6)

6.1.4 Quadratische Objekte

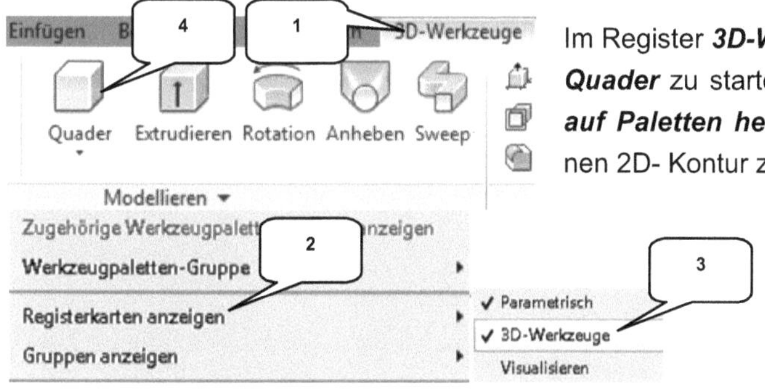

Im Register **3D-Werkzeuge**[29] ist der Befehl 🗋 *Quader* zu starten, um die Maschine **Kästen auf Paletten heben** auf Basis der vorhandenen 2D- Kontur zu erheben.

---

[29] Sollte das Register **3D-Werkzeuge** (1) in der Befehlsleiste nicht zur Verfügung stehen, so muss es gegebenenfalls erst aktiviert werden: Hierfür ist mit der **rechten Maustaste** auf das Register **Start** zu klicken um im Auswahlmenü die Option **Registerkarten anzeigen** (2) auszuwählen. Darin sollten dann die **3D-Werkzeuge** (3) aktiviert werden.

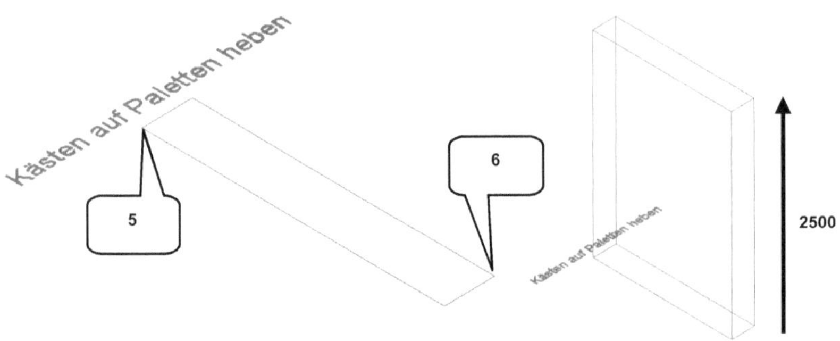

- Register **3D-Werkzeuge** öffnen (1)
- 🗔 **Quader** (4)
- Startpunkt wählen (5)
- Endpunkt wählen[30] (6)

- Maus etwas nach oben ziehen
- Wert für Höhe eingeben: [2500]
- **Taste: ENTER**

Der Befehl 🗔 **Quader** muss jetzt einige Male wiederholt werden, um weitere Maschinen in den 3D-Bereich zu übertragen. Hierfür sind die folgenden Höhenangaben zu verwenden:

<u>Maschinenbezeichnung</u>	<u>Höhenangabe (mm)</u>
Kästen von Paletten heben (7)	[2500]
Kästen auf Paletten heben (8)	[2500]
Palettenspeicher (9)	[3000]
Flaschen in Kästen heben (10)	[2500]
Flaschen aus Kästen heben (11)	[2500]
Flaschenkontrolle/ Selektion (12)	[2500]
Kastenwaschmaschine (13)	[3000]
Kastenspeicher (14)	[5000]
Flaschenwaschmaschine (15)	[5000]

---

[30] Bei der Auswahl der beiden Punkte für die Konstruktion eines 🗔 **Quaders** ist darauf zu achten, jeweils die beiden diagonal gegenüberliegenden Punkte des 2D-Objekts (Rechtecks) auszuwählen.

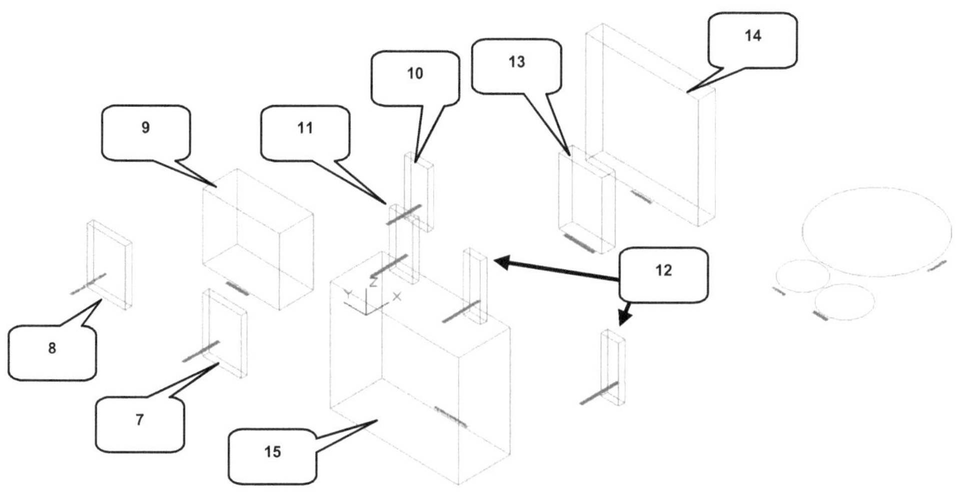

6.1.5 Zylindrische Objekte

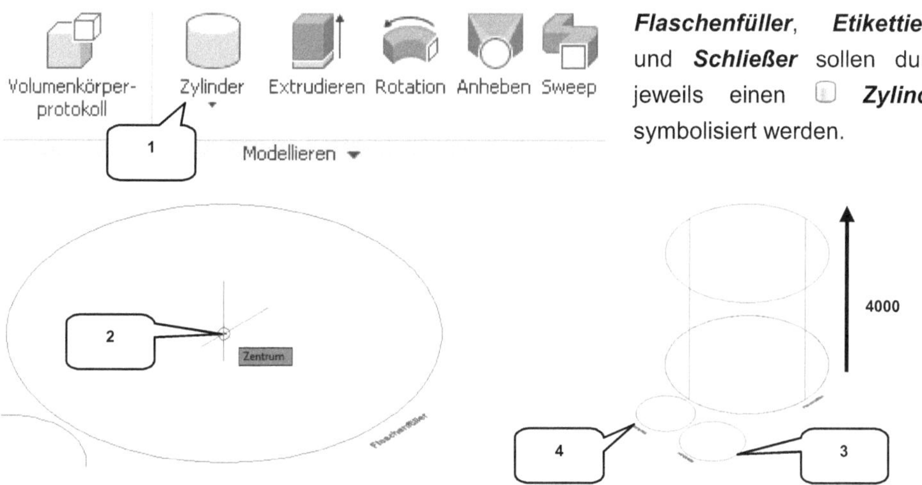

Flaschenfüller, **Etikettierer** und **Schließer** sollen durch jeweils einen ▭ **Zylinder** symbolisiert werden.

- Befehl ▭ **Quader** erweitern
- ▭ **Zylinder** (1)
- Markierten Kreismittelpunkt[31] wählen (2)
- Wert für Radius eingeben: [2500]

- **Taste: ENTER**
- Maus etwas nach oben ziehen
- Wert für Höhe eingeben: [4000]
- **Taste: ENTER**

---

[31] Im 3D-Modus ist der Mittelpunkt eines Kreises oft schlecht zu erfassen. Besser funktioniert das, wenn man zuerst mit dem Mauszeiger über den eigentlichen Kreis fährt (der Mittelpunkt wird dann angezeigt) und dann erst den Mittelpunkt selbst auswählt.

Für die beiden Maschinen **Etikettierer** und **Schließer** sind die folgenden Radien- und Höhenangaben zu verwenden:

Maschinenbezeichnung	**Radienangabe (mm)**	**Höhenangabe (mm)**
• Etikettierer (3)	[1000]	[2500]
• Schließer (4)	[900]	[2500]

6.1.6 Kegelförmige Objekte

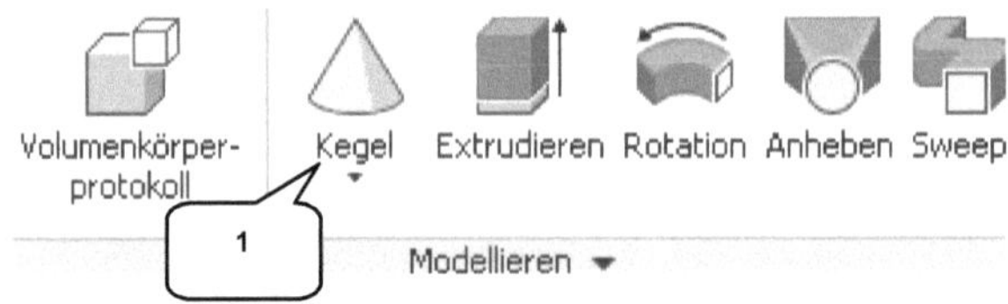

Der **Flaschenfüller** soll auf der oberen Seite des zylindrischen Grundkörpers um einen ⬠ **Kegel** ergänzt werden.

- Befehl ⬜ **Zylinder** erweitern
- ⬠ **Kegel** (1)
- Kreismittelpunkt wählen (2)
- Wert für Radius: [2500]

- **Taste: ENTER**
- Maus etwas nach oben ziehen
- Wert für Höhe: [500]
- **Taste: ENTER**

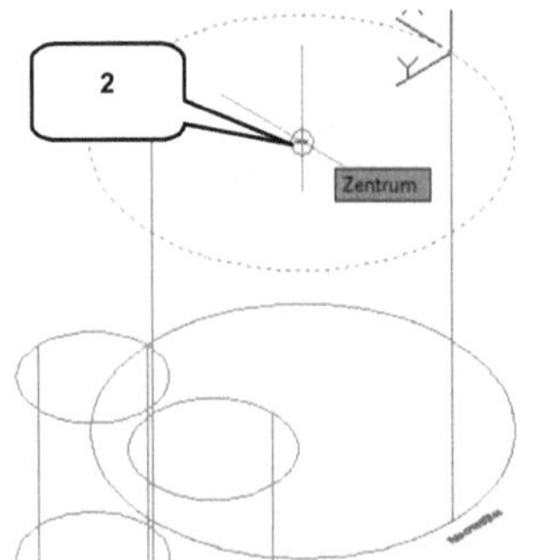

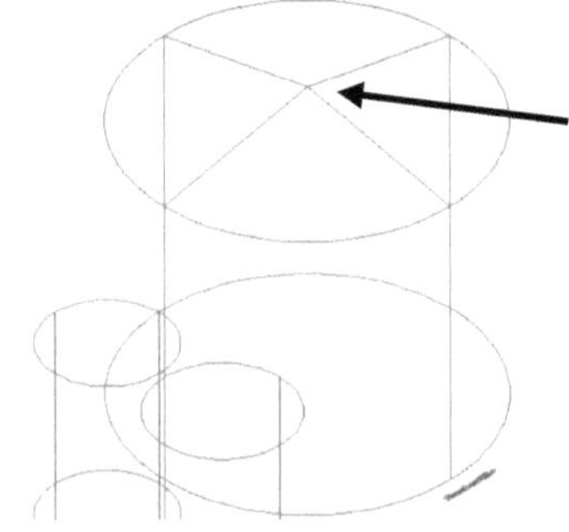

6.1.7 Kugelförmige Objekte

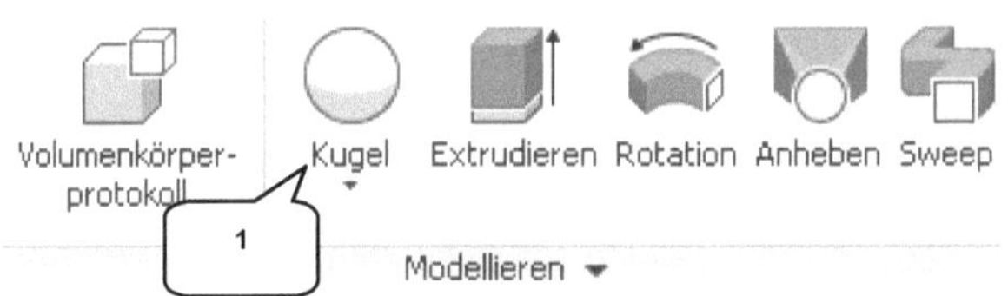

Schließer und **Etikettierer** werden ebenfalls erweitert und erhalten auf ihrer Oberseite jeweils eine zusätzliche ○ **Kugel**.

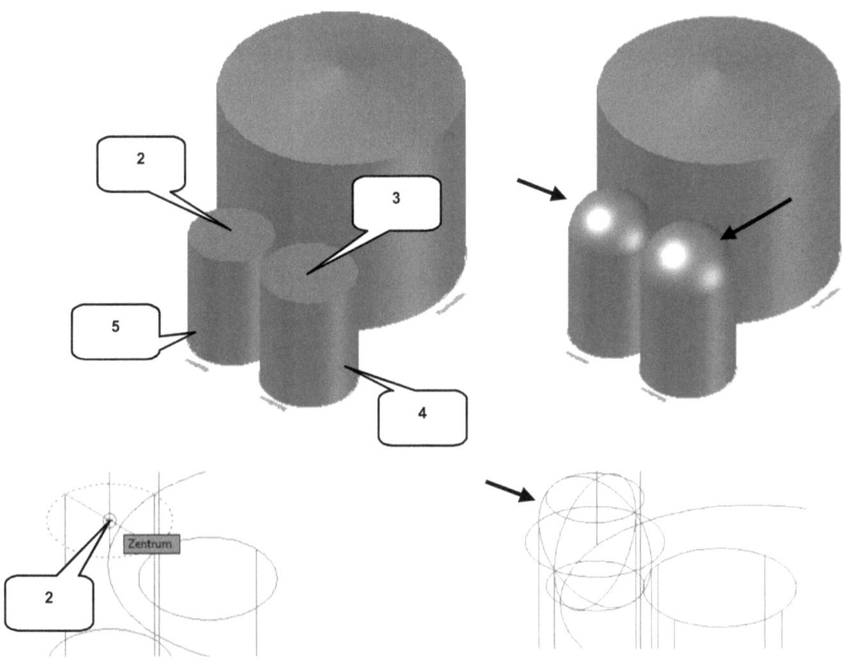

- Befehl △ **Kegel** erweitern
- ○ **_Kugel_** (1)
- Kreismittelpunkt (2) der oberen Fläche des Schließers (5) wählen

- Kugelradius: [900]
- **Taste: ENTER**

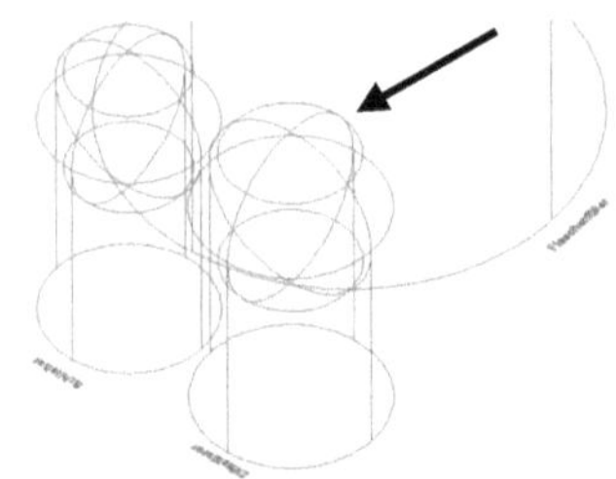

- ○ ***Kugel*** (1)
- Kreismittelpunkt (3) der oberen Fläche des Etikettierers (4) wählen

- Kugelradius: [1000]
- ***Taste: ENTER***

6.1.8   Bearbeiten vorhandener 3D-Objekte

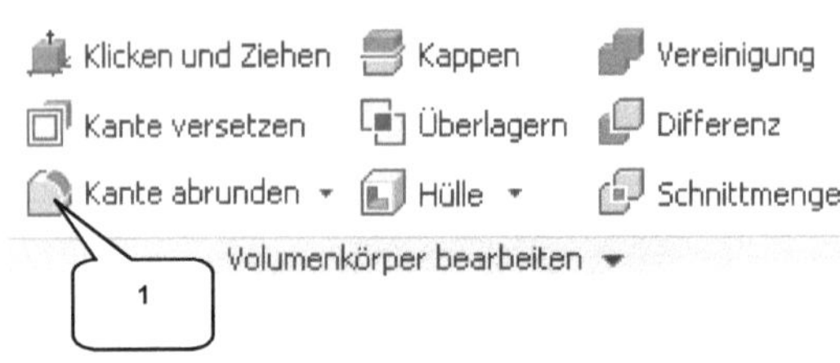

Einige Kanten des ***Palettenspeichers*** (3) sollen abgerundet werden. Verwenden Sie dafür den Befehl ◐ ***Kante abrunden***.

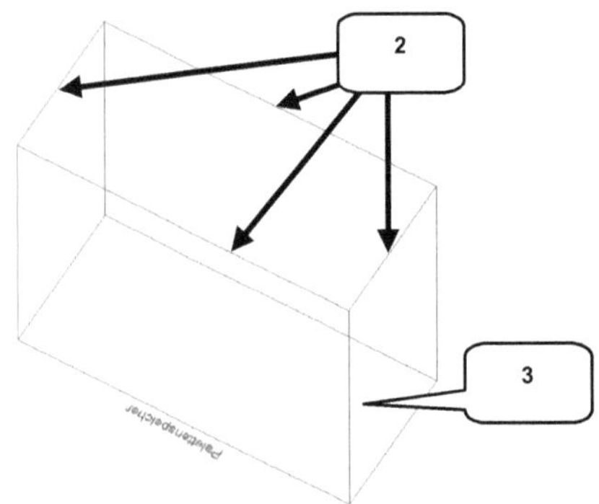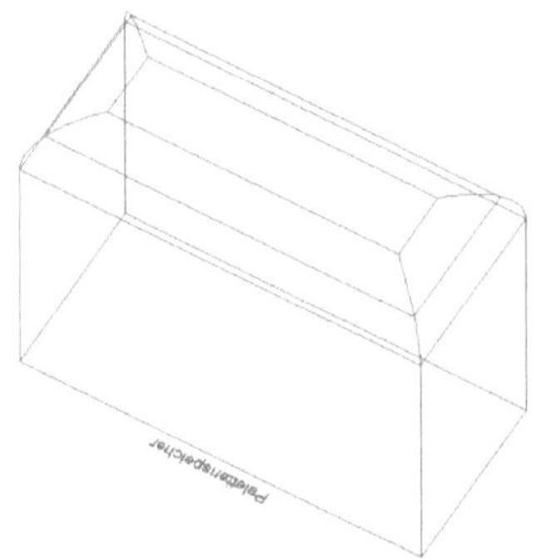

- ◐ ***Kante abrunden*** (1)
- Option: [Radius] wählen
- Rundungsradius eingeben: [500]

- ***Taste: ENTER***
- Markierte Kanten wählen (2)
- ***Taste: ENTER***

Wiederholen Sie das Abrunden der oberen Kanten auch bei den folgenden Maschinen:

Maschinenbezeichnung	**Rundungsradius (mm)**
• Flaschenwaschmaschine (4)	[500]
• Kastenwaschmaschine (5)	[200]
• Kastenspeicher (6)	[200]

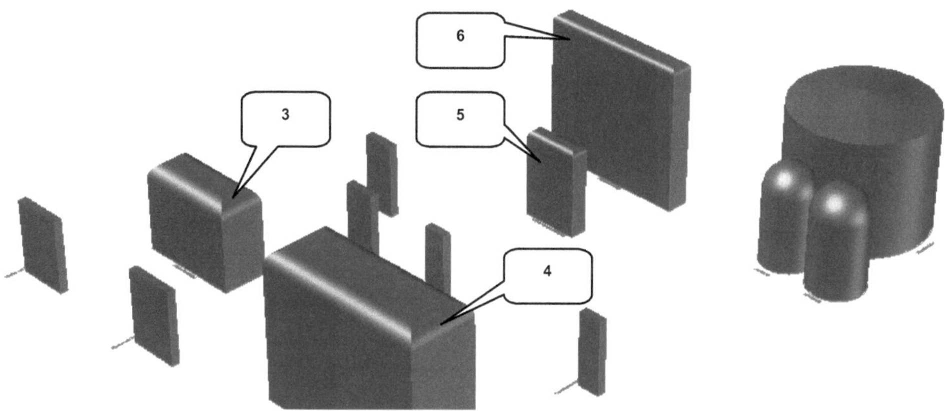

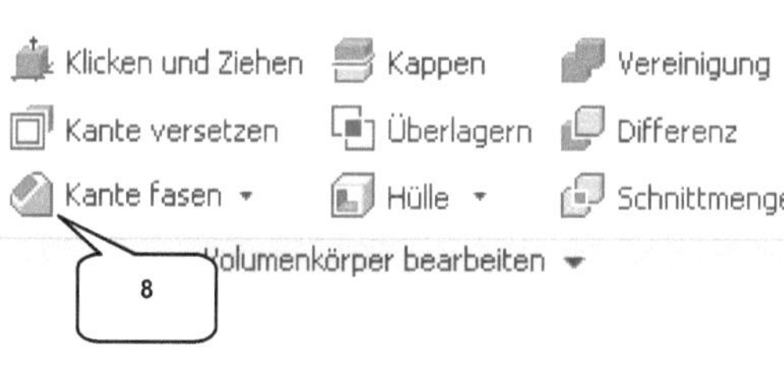

Einige Kanten der Maschine **Kästen auf Paletten heben** (7) sollen jetzt gefast werden, wofür der Befehl *Kante fasen* zu starten ist.

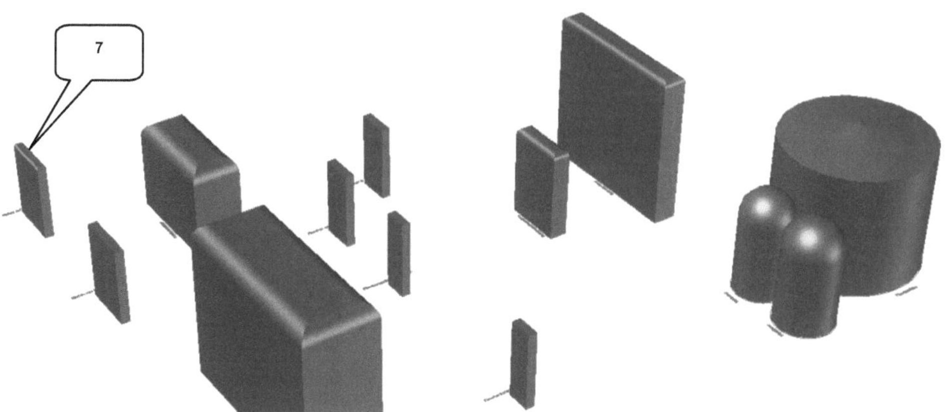

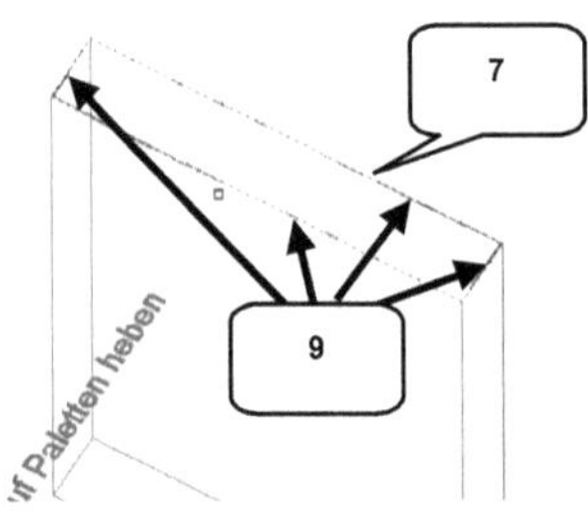

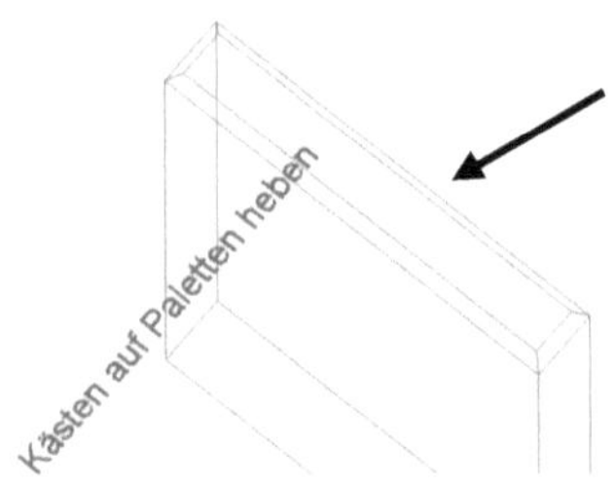

- Befehl 📄 **Kante abrunden** erweitern
- 🔹 **_Kante fasen_** (8)
- Option: [Abstand]
- Ausdruck: [50]
- **_Taste: ENTER_**

- Ausdruck: [50]
- **_Taste: ENTER_**
- Markierte Kanten wählen (9)
- **_Taste: ENTER_**

6.1.9 *Transportsystem und Fabrikhalle importieren*

Im nächsten Schritt soll die Datei **_01_00_Produktionslinie-Transportsystem-3D_** als Block in die Zeichnung importiert werden. Auch hier ist der Einfügepunkt des Blocks auf den Koordinatenursprung der Zeichnung (X:0, Y:0, Z:0) zu beziehen.

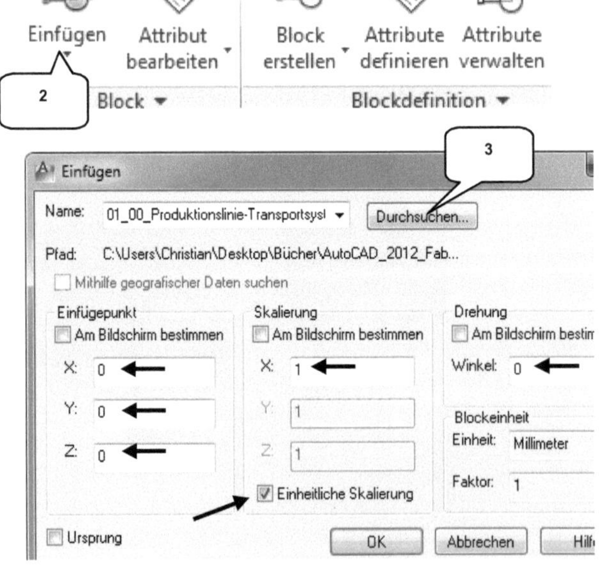

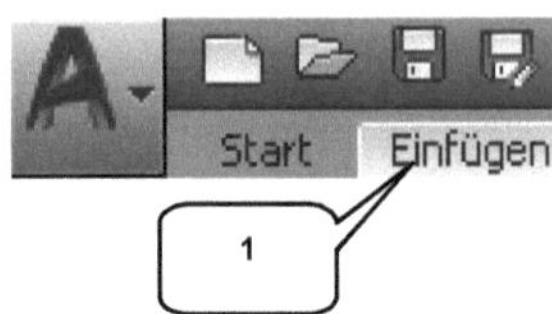

- Register **_Einfügen_** (1)
- 🔹 **_Block einfügen_** (2)
- Weitere Optionen
- Durchsuchen... (3)
- Projektordner wählen
- Dateiname: [01_00_ Produktionslinie-Transportsystem-3D]
- Werte aus nebenstehender Abbildung übernehmen
- OK

Weiterhin ist die Datei **02_00_Fabrikhalle_mit_Außenbereich-3D** einzufügen.

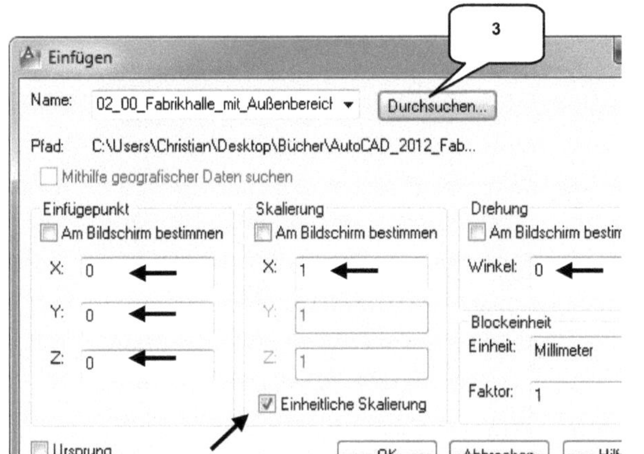

- 🔲 ***Block einfügen*** (2)
- Weitere Optionen
- Durchsuchen... (3)
- Dateiname:
  [02_00_Fabrikhalle_mit_
  Außenbereich-3D]
- Werte aus nebenstehender
  Abbildung übernehmen
- OK

6.1.10 Bearbeiten der Blöcke

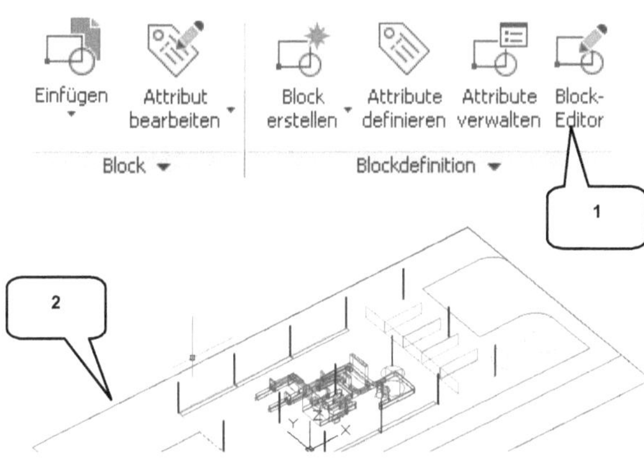

Auch Blöcke innerhalb einer Zeichnung können mit dem 🖉 ***Block-Editor*** (Befehlsgruppe ***Blockdefinition***) bearbeitet werden. Im aktuellen Beispiel sollen z. B. die Regale in der Fabrikhalle extrudiert werden. Hierfür ist der zuletzt eingefügte Block zu aktivieren.

- 🖉 ***Block-Editor*** (1)
- Markierte Linie wählen (2)
- Auswahl:
  [02_00_Fabrikhalle_mit_
  Außenbereich-3D] (3)
- OK

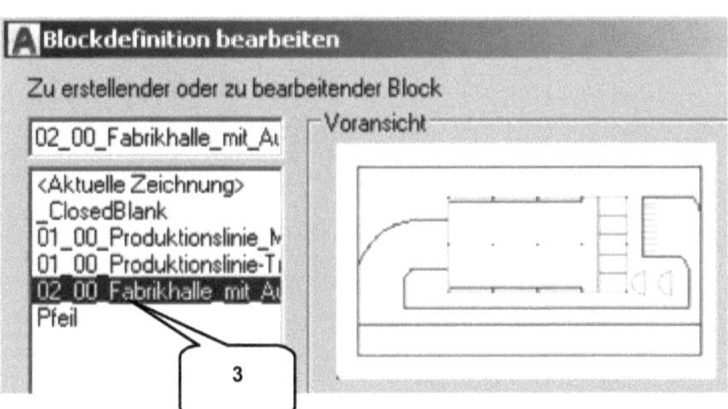

Der gesamte Zeichenbereich wird jetzt grau dargestellt, was den Bearbeitungsmodus des Blocks symbolisiert.

6.1.11 Extrusion geschlossener 2D-Objekte

Im Register **Start** kann jetzt der Layer **Regale** aktiviert werden, um anschließend ins Register **3D-Werkzeuge** zu wechseln.

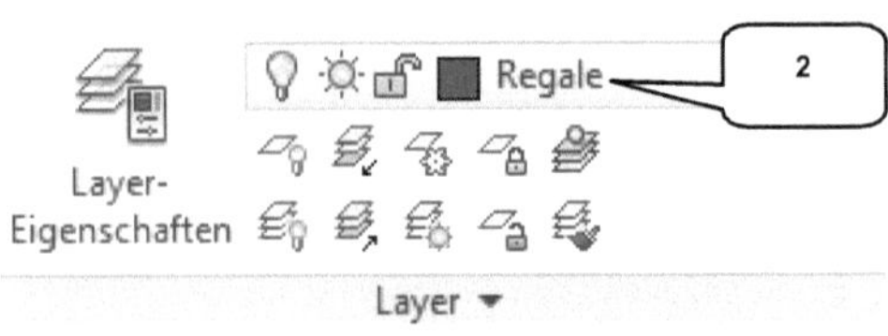

- Register **Start** öffnen (1)
- Layer **Regale** aktivieren (2)
- Register **3D-Werkzeuge** öffnen (3)

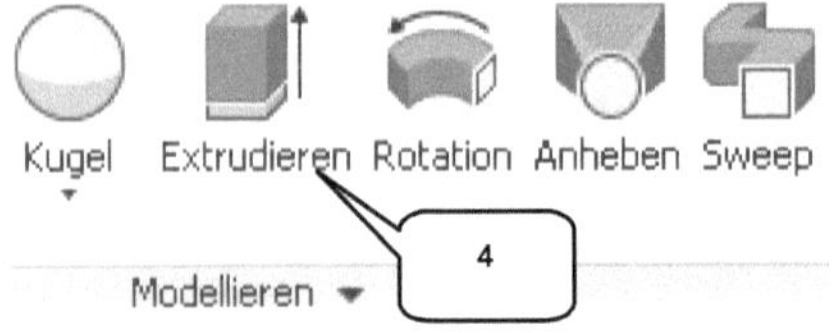

Um die sechs Regale in einen Volumenkörper konvertieren zu können, ist der Befehl **Extrudieren** zu starten. Die zu extrudierende Geometrie muss dafür zwingend geschlossen sein.

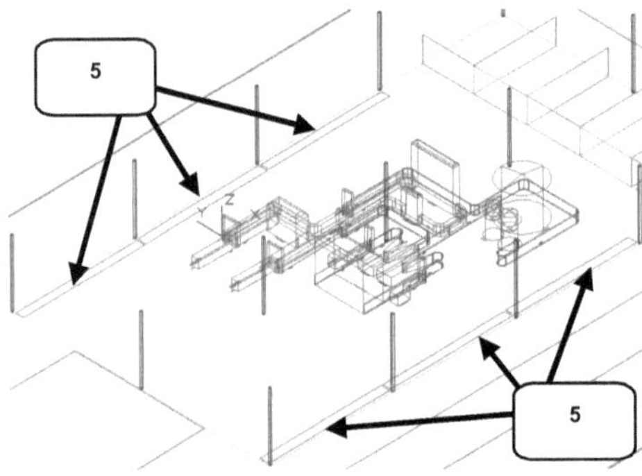

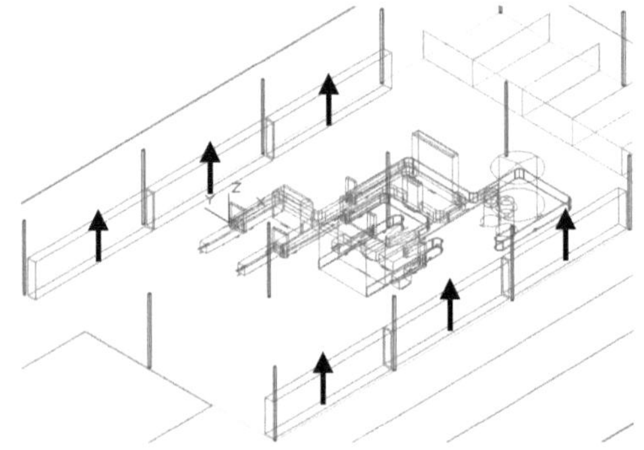

- **Extrudieren** (4)
- Sechs Rechtecke auswählen (5)
- **Taste: ENTER**

- Maus nach oben ziehen
- Höhe der Extrusion: [4000]
- **Taste: ENTER**

6.1.12   Rotation geschlossener 2D-Objekte

Im Register *Start* kann jetzt der Layer *Wassertanks* aktiviert und danach ins Register *3D-Werkzeuge* zurückgekehrt werden.

- Register *Start* öffnen (1)
- Layer *Wassertanks* aktivieren (2)
- Register *3D-Werkzeuge* öffnen (3)

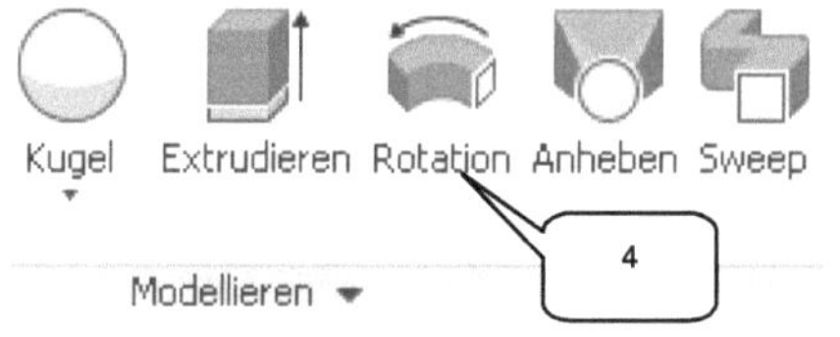

Mit dem Befehl 🟤 *Rotation* sollen die beiden Halbkreise jetzt nacheinander in Kugeln konvertiert werden.

- 🟤 *Rotation* (4)
- Halbkreis (5) wählen
- Punkt (6) wählen

- Punkt (7) wählen
- Wert für Rotationswinkel eingeben: [360]
- *Taste: ENTER*

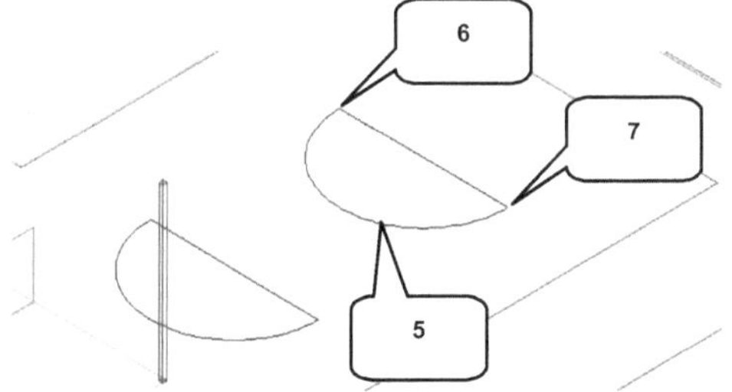

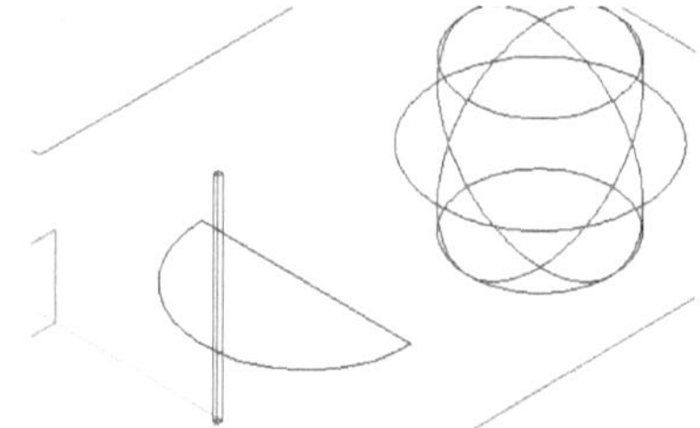

Sobald die erste Rotation erfolgreich durchgeführt wurde, kann mit dem Erstellen der zweiten Kugel begonnen werden.

6.1.13 Erstellen von Polykörpern

Für den nächsten Schritt ist im Register **Start** der Layer **Wände** zu aktivieren, um danach bereits wieder ins Register **3D-Werkzeuge** zurückzukehren.

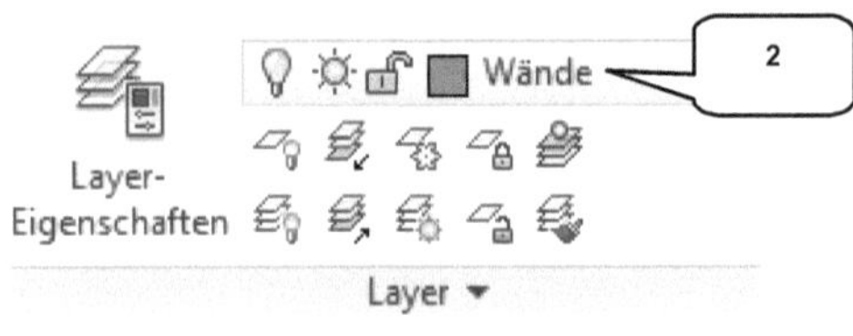

- Register **Start** öffnen (1)
- Layer **Wände** aktivieren (2)
- Register **3D-Werkzeuge** öffnen (3)

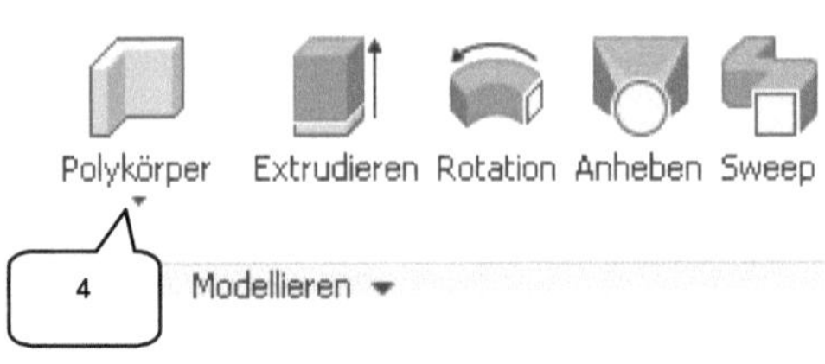

Um die Fabrik mit einer äußeren Wand zu umschließen, soll jetzt der Befehl **Polykörper** gestartet werden.

- **Polykörper** (4)
- Option: Breite (5)
- Wert für Breite: [100]
- **Taste: ENTER**
- Option: Ausrichten (6)
- Wert für Ausrichtung: [Rechts]
- Option: Höhe (7)
- Wert für Höhe: [8000]

- **Taste: ENTER**
- Ersten Punkt (8) wählen
- Zweiten Punkt (9) wählen
- Dritten Punkt (10) wählen
- Vierten Punkt (11) wählen
- Eingabe: [S] (Polylinie schließen)
- **Taste: ENTER**

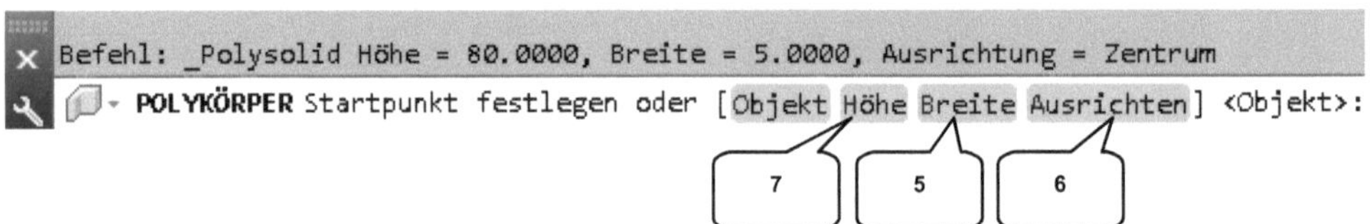

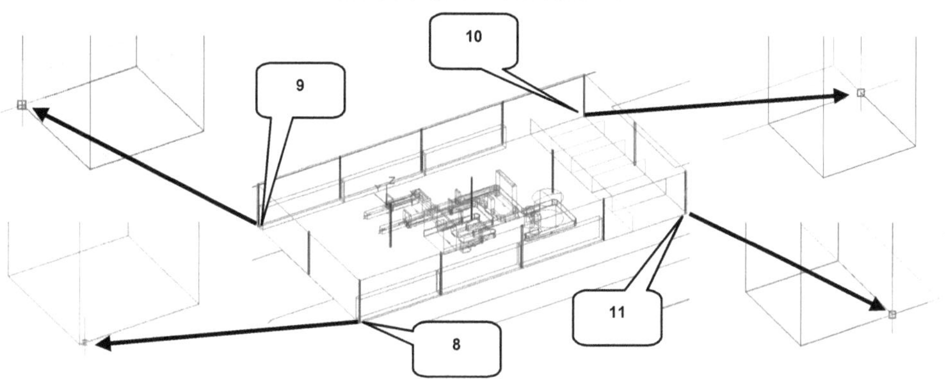

6.1.14 Bearbeiten des Polykörpers

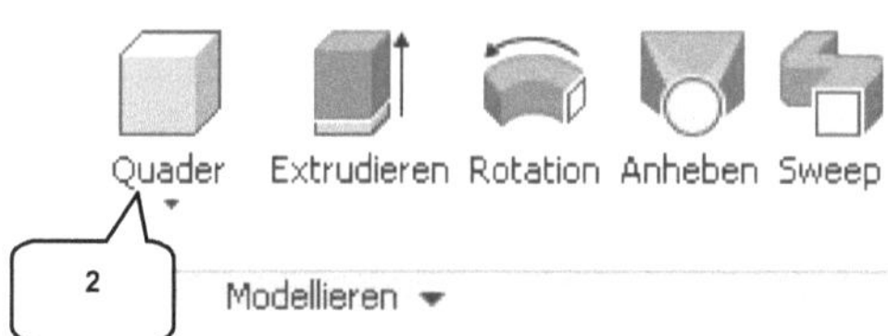

In die Hallenwand sollen zwei Aussparungen eingefügt werden: sie sollen die Hallentore darstellen. Hierfür müssen vorab zwei ⬚ *Quader* erzeugt werden.

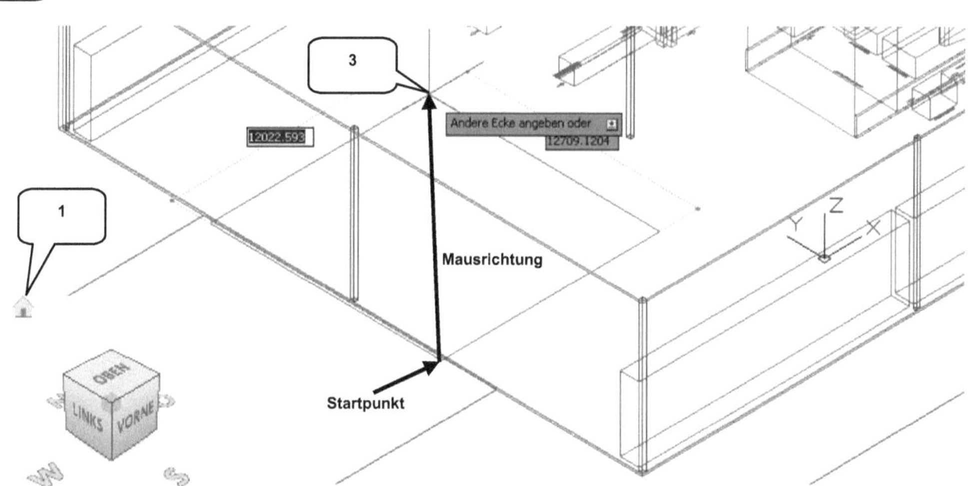

- **ViewCube: Haus-Symbol** wählen (1)
- ⬚ **Quader** (2)
- Startpunkt: [-15300] > **Taste: TAB** > [5800] > **Taste: ENTER**
- Maus in etwa auf Position (3) ziehen (<u>nicht</u> mit linker Maustaste klicken)
- Endpunkt: [500] > **Taste: TAB**
- [3500] > **Taste: ENTER**
- Maus nach oben ziehen
- Höhe: [5000] > **Taste: ENTER**

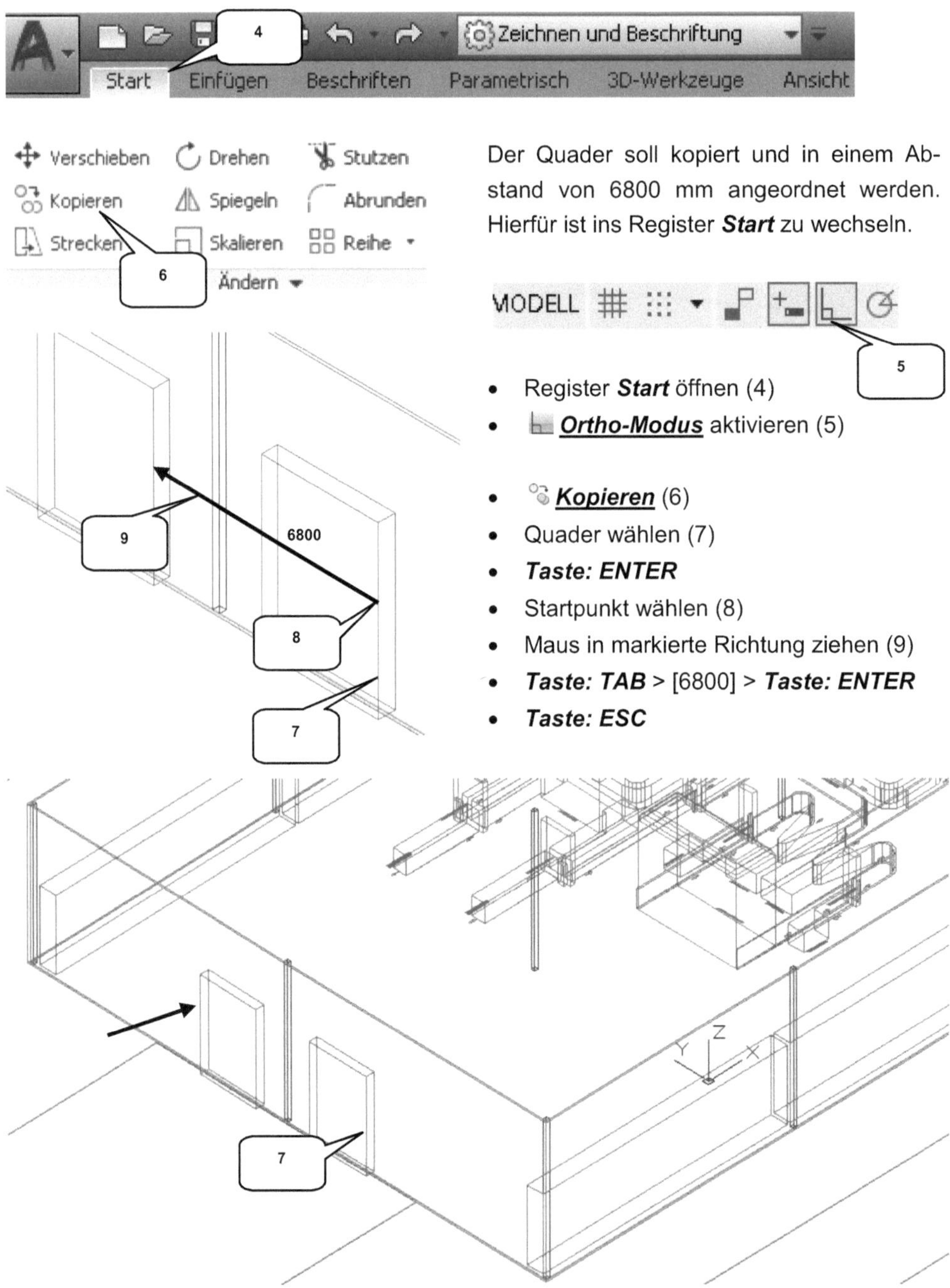

Der Quader soll kopiert und in einem Abstand von 6800 mm angeordnet werden. Hierfür ist ins Register **Start** zu wechseln.

- Register **Start** öffnen (4)
- **Ortho-Modus** aktivieren (5)

- **Kopieren** (6)
- Quader wählen (7)
- **Taste: ENTER**
- Startpunkt wählen (8)
- Maus in markierte Richtung ziehen (9)
- **Taste: TAB** > [6800] > **Taste: ENTER**
- **Taste: ESC**

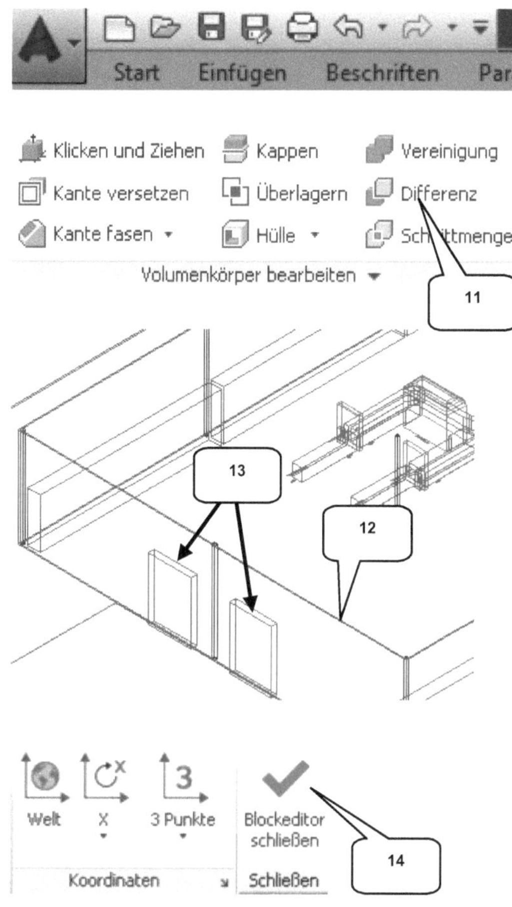

Reaktivieren Sie das Register **3D-Werkzeuge** und starten Sie den Befehl ⊚ **Differenz**, um die Quader vom Polykörper zu subtrahieren.

- Register **3D-Werkzeuge** (10)
- **Differenz** (11)
- Hallenwand wählen (12)
- **Taste: ENTER**
- Beide Quader wählen (13)
- **Taste: ENTER**

Die beiden Quader wurden aus der Zeichnung entfernt. An ihrer Stelle befinden sich in der Hallenwand jetzt zwei Aussparungen. Die Bearbeitung des Blocks kann damit beendet und der Blockeditor geschlossen werden.

- ✔ **Blockeditor schließen** (14)
- **Änderungen speichern** (15)
- OK

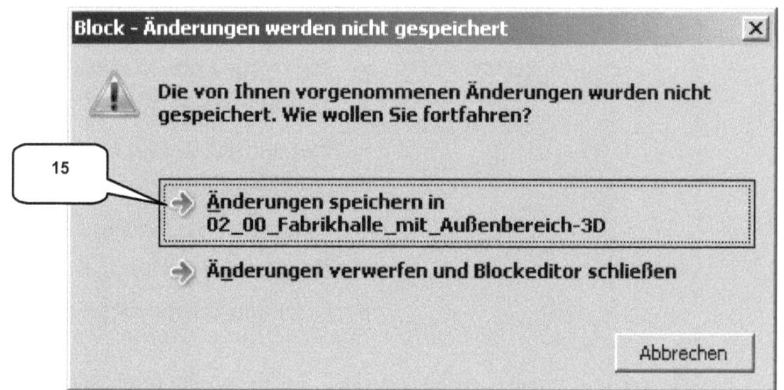

6.1.15 Importieren des Fuhrparks

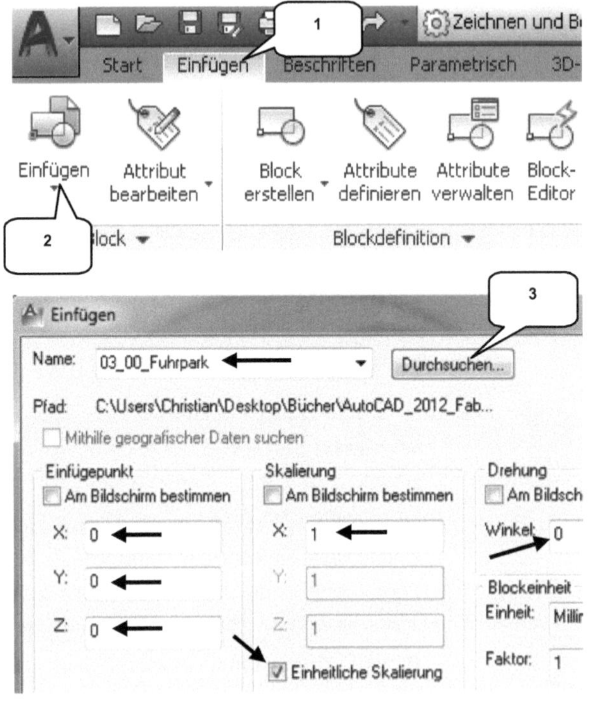

Abschließend soll ein vollständiger Fuhrpark, bestehend aus LKW und Gabelstapler als Block in die vorhandene Zeichnung importiert werden. Auch diesmal sollte sich wieder auf den Koordinatenursprungspunkt (X=0, Y=0, Z=0) bezogen werden.

- Register **Einfügen** öffnen (1)
- ⬚ **Block einfügen** (2)
- Weitere Optionen
- Durchsuchen... (3)
- Dateiname: [03_00_Fuhrpark]
- Einstellungen der nebenstehenden Abbildung übernehmen
- OK

6.1.16 Rendern eines Bildes

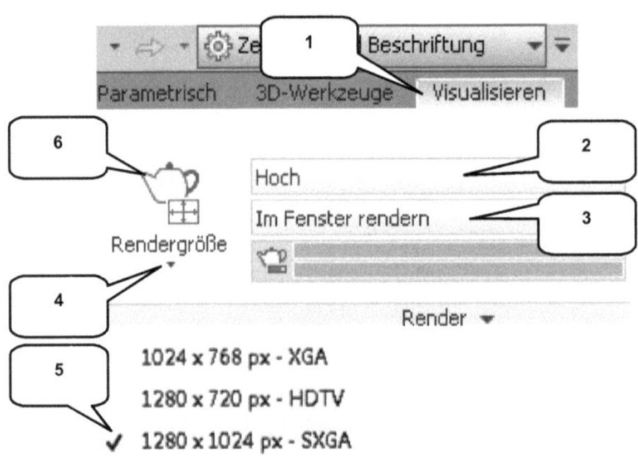

Im Register **Visualisieren**[32] sind in der Befehlsgruppe **Render** die folgenden Einstellungen vorzunehmen:

- Befehlsgruppe: Visualisieren (1)
- Qualität: Hoch (2)
- Renderbereich: Im Fenster rendern (3)
- Rendergröße erweitern (4)
- Rendergröße: 1280x1024 (5)
- **Rendern** (6)
- Ohne die Bibliothek für mittlere... (7)

---

[32] Sollte das Register **Visualisieren** nicht verfügbar sein, muss es ggf. erst wieder aktiviert werden (**rechte Maustaste** auf eine der vorhandenen **Registerkarten** > **Registerkarten anzeigen** > **Visualisieren**).

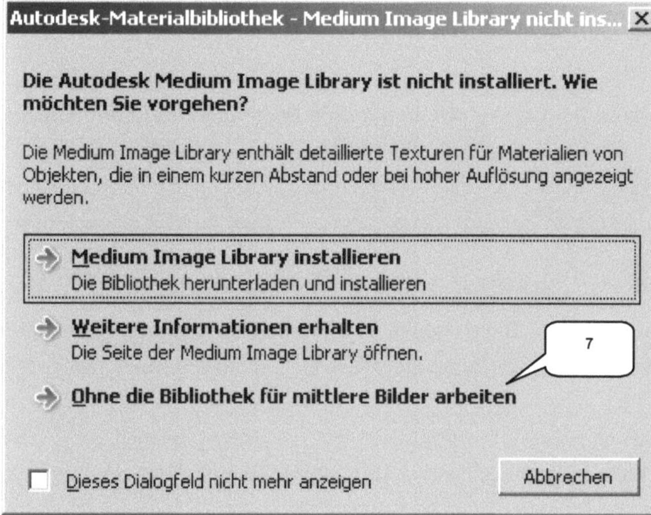

Wurde die entsprechende Bibliothek installiert, so wird das nebenstehende Fenster ggf. nicht angezeigt.

- **Speichern** (8)

Mit dieser letzten Übung endet der Ausflug in den AutoCAD-Bereich und die Datei soll noch einmal **gespeichert** und danach geschlossen werden.

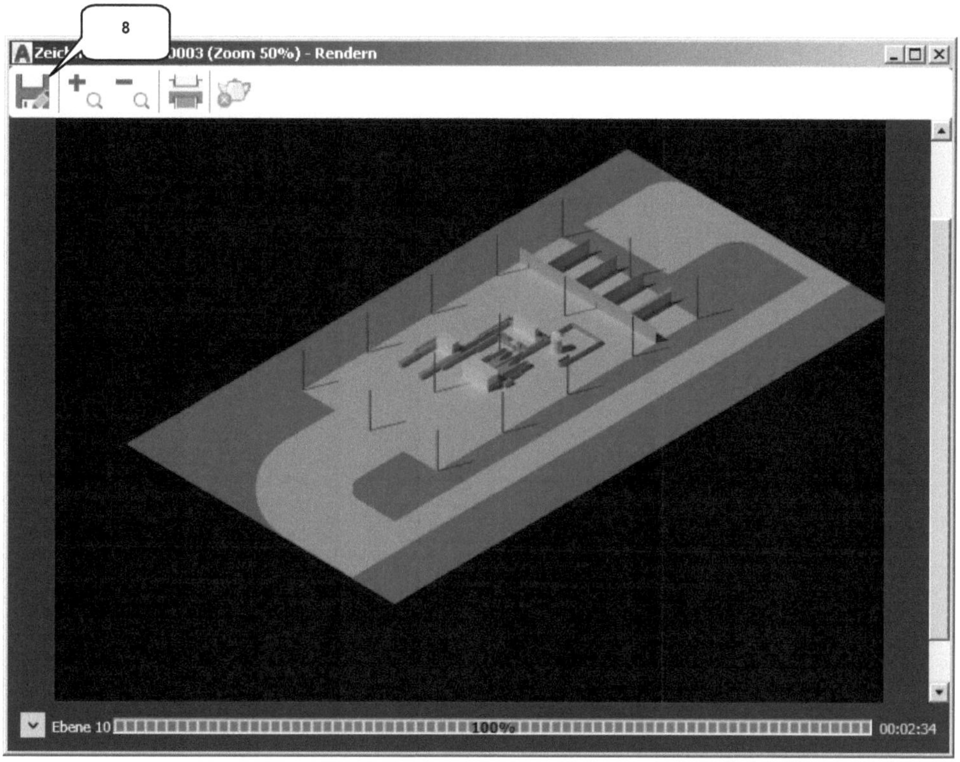

Der Autor des Buches hofft, dass Sie bei der Arbeit mit dem Programm und dem Übungsprojekt viel Spaß hatten.

Der Inhalt des Buches wurde sorgfältig geprüft. Leider können Fehler nicht ausgeschlossen werden.

Wenn Ihnen während der Arbeit mit dem Buch Fehler auffallen sollten, oder wenn Sie Ideen zur Verbesserung des Inhaltes haben, ist Ihnen der Autor für jeden Hinweis per E-Mail dankbar.

Konstruktive Anmerkungen können jederzeit an ***schlieder@cad-trainings.de*** gesendet werden.

Vielen Dank.

E
